Der Aufbau des Mörtels und des Betons.

Untersuchungen über die zweckmäßige Zusammensetzung der Mörtel und des Betons. Hilfsmittel zur Vorausbestimmung der Festigkeitseigenschaften des Betons auf der Baustelle. Versuchsergebnisse und Erfahrungen aus der Materialprüfungsanstalt an der Technischen Hochschule Stuttgart.

Von

Otto Graf.

Dritte, neubearbeitete Auflage.

Mit 160 Textabbildungen.

Berlin.
Verlag von Julius Springer.
1930.

ISBN-13: 978-3-642-93739-2 e-ISBN-13: 978-3-642-94139-9
DOI: 10.1007/978-3-642-94139-9

Softcover reprint of the hardcover 3rd edition 1930

Aus dem Vorwort zur ersten Auflage.

Es ist eine wichtige Aufgabe, das vorhandene Material zu sammeln, zu sichten, nach bestimmten Gesichtspunkten zu betrachten und auftretende Lücken nach Möglichkeit zu schließen. In diesem Sinn sind früher zusammenfassende Darstellungen, u. a. über die Druckelastizität und die Zugelastizität des Betons (Heft 227 der Forschungsarbeiten auf dem Gebiete des Ingenieurwesens), ferner über die Druckfestigkeit von Zementmörtel, Beton, Eisenbeton und Mauerwerk (Verlag Konrad Wittwer) gegeben worden. Es war dabei beabsichtigt, für die unmittelbare Verwendung am Konstruktionstisch und namentlich auf der Baustelle ein Bild des derzeitigen Standes der Erkenntnisse über die Festigkeitseigenschaften des Betons usf. zu geben.

Zur Anwendung der Ergebnisse erwies es sich weiter nötig, für die Auswahl des Sandes, Kieses und Schotters, sowie zur Beurteilung der Einwirkung der Größe des Wasserzusatzes weitergehende Darlegungen zu geben und handliche Regeln zu schaffen, welche die Erkenntnisse dem fachkundigen Ingenieur für die wichtigsten Entscheidungen bei der Bauvorbereitung und auf der Baustelle unmittelbar zugänglich machen. Die vorliegende Schrift soll ein Beitrag zur Lösung dieser Aufgabe sein.

Das verarbeitete Versuchsmaterial liegt zu einem großen Teil seit langer Zeit vor; die Lücken, welche bei der Verarbeitung auftraten, konnten Dank der Unterstützung durch die Robert Bosch-Stiftung der Technischen Hochschule Stuttgart durch weitere Versuche an wesentlichen Stellen geschlossen werden.

Das Verfahren, welches sich aus den Feststellungen Seite 2 bis 36 ergibt, erscheint in erster Linie geeignet, die Entscheidungen über die Zusammensetzung und Herstellung des Betons wirksam und einfach zu unterstützen, sowie die wirtschaftliche Ausnutzung der Baustoffe zu fördern. Für die Anwendung sind Kurventafeln hergestellt worden, die als Blaupausen von der Materialprüfungsanstalt der Technischen Hochschule Stuttgart bezogen werden können.

Stuttgart, im Herbst 1922. **Otto Graf.**

Aus dem Vorwort zur zweiten Auflage.

Zahlreiche Mitteilungen, welche dem Verfasser unter Bezug auf die in der vorliegenden Schrift behandelten Aufgaben zugegangen sind, zeigen, daß die Notwendigkeit, der sachgemäßen Zusammensetzung des Betons besondere Aufmerksamkeit zu widmen, mehr und mehr als technisch und wirtschaftlich berechtigt vertreten wird, leider in manchen Fällen erst nach Mißerfolgen, welche durch Nichtbeachtung der vorliegenden Feststellungen entstanden sind. Doch wird noch viel gearbeitet werden müssen, bis die grundlegenden Erkenntnisse Allgemeingut geworden sind. So wird es als bedenkliche Außerachtlassung der seit langer Zeit bekannten Ergebnisse angesehen werden müssen, wenn noch in neuester Zeit das Ergebnis von Versuchen mit Zementmörteln in einer Fachzeitschrift lediglich soweit zusammengefaßt wird, daß Rheinsand durchaus kein einheitliches Material darstelle und daß Material dieser Benennung an verschiedenen Gewinnungsstellen erhebliche Unterschiede aufweisen kann. Solche Folgerungen entsprechen wohl dem Stand der Erkenntnisse, die umsichtigen Handwerkern schon lange eigen gewesen sein mögen, wie das Studium alter Werke erkennen läßt. Die älteren Versuche, welche weitergehende gesetzmäßige Aufschlüsse gebracht hatten und die alle, die Zementmörtel und Beton herstellen, instand setzen, Beton bestimmter Widerstandsfähigkeit zu schaffen, also die Aufgaben technisch zu lösen, blieben dabei außer acht.

Seit der Drucklegung der ersten Auflage sind in der Materialprüfungsanstalt der Technischen Hochschule Stuttgart zahlreiche Versuche zu Ausführung gekommen, die zur Auswertung in der zweiten Auflage herangezogen werden konnten. U. a. liegen über die Wirkung von Steinmehlen, Lehm usf. neuere Beobachtungen vor. Viele Versuche ermöglichten die weitergehende Beurteilung der früheren Vorschläge des Verfassers für die Vorausbestimmung der Betonfestigkeit. Die Beziehungen, welche für die Druckfestigkeit hauptsächlich maßgebend sind, wurden in einer neuen einfachen Tafel zur Darstellung gebracht.

Zur Anwendung der Erkenntnisse auf den Baustellen und in den Betonwerken sind nur einfache Geräte erforderlich. Wie z. Zt. in Stuttgart verfahren wird, ist an einem ausführlich behandelten Beispiel erläutert.

Stuttgart, Ende 1926. **Otto Graf.**

Vorwort zur dritten Auflage.

Die zweite Auflage war nach 1 ½ Jahren vergriffen. Leider konnte die Bearbeitung der dritten Auflage nur mit Verzögerung folgen, weil der Verfasser dienstlich außerordentlich in Anspruch genommen war.

Die früheren Darlegungen stützten sich vornehmlich auf die Ergebnisse von Druckversuchen. Inzwischen konnten systematische Untersuchungen über den Einfluß der Zusammensetzung des Betons auf die Druckelastizität, auf die Biegefestigkeit, auf den Abnutzwiderstand, auf die Wasserdurchlässigkeit und auf das Schwinden und Quellen durchgeführt werden, unter Verwendung von Flußsand und von gebrochenem Material. Diese umfassenden Arbeiten wurden vornehmlich durch die Notgemeinschaft der Deutschen Wissenschaft ermöglicht.

Weitere Unterstützung erfuhr ich von der C. Bach-Stiftung für die Materialprüfungsanstalt der Technischen Hochschule Stuttgart. Die in den letzten Jahren gewonnenen Ergebnisse sind zu einem Teil schon im Jahr 1928 bekanntgegeben worden[1]); zum andern Teil werden sie erstmals im vorliegenden Buch — unter Einordnung in das vorher Bekannte — veröffentlicht (S. 31 uf).

Beobachtungen über die zweckmäßige Zusammensetzung von Beton aus porösem Basalt (Lavakrotze) und Bims sind neu aufgenommen worden, ebenso Feststellungen über den Einfluß von Tonen im Zementmörtel. Weiter sind Versuche mit Kalkmörtel verschiedener Zusammensetzung mitgeteilt. Die Anleitungen zur Nutzbarmachung der Erkenntnisse wurden erweitert, durch Mitteilung der Ausrüstung, die in bestimmten Fällen auf großen und auf kleinen Baustellen für die Baustoffprüfung verwendet wird oder zur Anschaffung empfohlen werden kann.

Die Anwendung der Erkenntnisse ist überdies wie schon früher durch Abhaltung von Lehrkursen über „Zement und Beton“ angestrebt worden. Dabei wurde für Poliere und Bauaufseher in einfacher Form, für Ingenieure und Architekten umfassend, durch Vorträge und vornehmlich durch Übungen in der Versuchsanstalt während 5 Tagen all das besprochen und bearbeitet, was zur Auswahl, Abnahme, Verarbeitung und Nachbehandlung der Baustoffe des Beton- und Eisenbetonbaues gehört, wenn unter Berücksichtigung des Kostenaufwands ein guter Beton hergestellt werden soll. Die Lehrkurse, erstmals 1919 durchgeführt, sind inzwischen auch an anderen Stellen aufgenommen worden. Allgemeinere Beachtung haben sie Dank der in dieser Sache besonders regsamen Tätigkeit von Kleinlogel gefunden.

Praktisch handelt es sich nur selten um die Herstellung von Beton mit einer Zusammensetzung, die der bestmöglichen entspricht, sondern in der Regel um die Wahl und Verwendung der wirtschaftlich und technisch geeigneten Stoffe. Die wissenschaftlichen Erkenntnisse bilden die Hilfsmittel für diese Aufgabe[2].

Die besondere Darlegung der wichtigsten Ergebnisse anderweitiger Versuche, die früher in einem Anhang erfolgte, schien nicht mehr nötig, weil sie inzwischen allgemeine Beachtung erfahren haben und weil die jetzt gewählte geschlossene Darstellung der praktisch verwertbaren Erkenntnisse die Benutzung des Buchs erleichtern dürfte.

Bei der Vorbereitung der dritten Auflage hat mich wie früher in erster Linie Herr Weise unterstützt. Auch Herr Kaufmann hat wieder teilgenommen.

Stuttgart, Ende 1929. **Otto Graf.**

---

[1] Vgl. Zement 1928, S. 432 uf., sowie S. 1464 uf., ferner Beton und Eisen 1928, S. 247 uf.

[2] Ein beachtenswertes Beispiel zur Nutzbarmachung der Erkenntnisse gab Brausewetter mit seiner Schrift „Die wirtschaftliche Betonmischung“, Verlag Wilhelm Ernst und Sohn, Berlin 1929. Auch die Arbeit von Cantz, „Erfahrungen mit der Baukontrolle im Eisenbetonbau“, im gleichen Verlag erschienen, ist hier zu nennen.

Inhaltsverzeichnis.

Seite

A. Allgemeines. Einfluß der groben Zuschläge. Mörtelfestigkeit und Betonfestigkeit 1

B. Druckfestigkeit des Zementmörtels und des Betons. 6

1. Einfluß des Wassergehalts auf die Druckfestigkeit des Zementmörtels. Beziehungen zwischen Wassergehalt und Druckfestigkeit bei Verwendung verschiedener Zemente unter sonst gleichen Verhältnissen und Einführung des Wertes $w = \frac{\text{Wassergehalt}}{\text{Zementgewicht}}$ im frischen Mörtel (Wasserzementfaktor) 6
2. Einfluß des Wassergehalts auf die Druckfestigkeit des Betons . . . 14
3. Vorausbestimmung der Druckfestigkeit des Betons nach Ermittlung des Wasserzementfaktors w im frischen Beton. Verhältnis der Druckfestigkeit an 7 und 28 Tage alten Betonwürfeln. 16
4. Einfluß der Kornzusammensetzung (Körnung) und der Gestalt des Sands auf die Druckfestigkeit des Zementmörtels. Zweckmäßige Kornzusammensetzung der Mörtel (Siebregel) 19
   a) Versuche mit Sand „F“ und „G“. 22
   b) Versuche mit Flußsanden und Moränesanden 26
   c) Versuche mit Quetschsanden gewöhnlicher Art. 31
   d) Versuche mit Sand aus poröser Basaltschlacke 35
   e) Versuche mit Bimssand 36
   f) Einfluß der Menge und der Art der staubfeinen Bestandteile (Gesteinsmehle, Traß, Kalk, Ton, Kieselgur, Glimmer) 36
5. Einfluß der Kornzusammensetzung, der Gestalt, der Oberflächenbeschaffenheit und der Menge, sowie der Festigkeit der groben Zuschläge auf die Druckfestigkeit des Betons 50
6. Raumgewicht, Hohlräume und Druckfestigkeit des Zementmörtels und des Betons. Beurteilung am Sand, Kiessand usf. nach Raumgewicht und Hohlräumen. 57
   a) Einfluß des Zements auf das Raumgewicht des Zementmörtels . 57
   b) Einfluß des Wasserzusatzes auf das Raumgewicht des Zementmörtels und des Betons. Einfluß der Verarbeitung auf das Raumgewicht des Mörtels und Betons 58
   c) Einfluß der Zusammensetzung des Sands auf das Raumgewicht des Zementmörtels. Bestimmung der Hohlräume im Zementmörtel. Beziehungen zwischen der Größe der Hohlräume und der Druckfestigkeit des Zementmörtels. Vorausbestimmung der Druckfestigkeit nach Feret und nach Talbot. 61
   d) Beurteilung von Sand, Kiessand usf. nach Raumgewicht und Hohlräumen 70
7. Einfluß der Größe der Oberfläche des Sands auf die Druckfestigkeit des Zementmörtels und des Betons 71
   a) Größe der Oberfläche verschiedener Sande. Veränderlichkeit der Druckfestigkeit von Zementmörtel bei Verwendung von gleichkörnigen Sanden mit verschiedener Größe der Oberfläche 72

Seite

b) Veränderlichkeit der Druckfestigkeit von Zementmörtel bei Verwendung von gemischtkörnigen Sanden mit verschieden großer Oberfläche . . . 74
c) Schlußbemerkung . . . 75

C. Druckelastizität des Zementmörtels und des Betons 76
1. Einfluß des Wasserzusatzes . . . 76
2. Einfluß der Kornzusammensetzung . . . 77
3. Einfluß der Elastizität des Gesteins und des Zementgehalts 78

D. Zug- und Biegefestigkeit des Zementmörtels und des Betons 81
1. Einfluß des Zements auf die Zug- und Biegefestigkeit des Betons . 84
2. Einfluß des Wassergehalts (Wasserzementfaktors w) auf die Zugfestigkeit und Biegefestigkeit des Zementmörtels und des Betons 85
3. Einfluß der Kornzusammensetzung des Sands auf die Zug- und Biegefestigkeit des Zementmörtels . . . 87
4. Einfluß der groben Zuschläge auf die Biegefestigkeit des Betons. . 89
5. Verhältnis der Biege- und Zugfestigkeit des Betons . . . 91

E. Druck- und Zugfestigkeit der Kalkmörtel . . . 92
1. Einfluß des Kalks auf die Druck- und Zugfestigkeit des Kalkmörtels 92
2. Einfluß des Wassergehalts (Wasserkalkfaktors) auf die Druck- und Zugfestigkeit des Kalkmörtels . . . 92
3. Einfluß der Kornzusammensetzung (Körnung) des Sands auf die Druck- und Zugfestigkeit des Kalkmörtels . . . 93

F. Abnützwiderstand des Zementmörtels und des Betons . . . 95
1. Einfluß des Zements auf den Abnützwiderstand des Zementmörtels und des Betons . . . 95
2. Einfluß des Wassergehalts auf den Abnützwiderstand von Zementmörtel und Beton . . . 99
3. Einfluß der Kornzusammensetzung des Sands auf den Abnützwiderstand des Zementmörtels . . . 99
4. Einfluß des Gesteins und der Menge der groben Zuschläge auf den Abnützwiderstand des Betons . . . 101

G. Wasserdurchlässigkeit des Zementmörtels und des Betons . 104
1. Einfluß des Zements auf die Wasserdurchlässigkeit des Betons . . 104
2. Einfluß des Wassergehalts auf die Wasserdurchlässigkeit des Betons 106
3. Einfluß der Kornzusammensetzung des Sands auf die Wasserdurchlässigkeit des Zementmörtels . . . 107

H. Schwinden und Quellen des Zementmörtels und des Betons 108
1. Einfluß des Zements auf das Schwinden und Quellen des Zementmörtels und des Betons . . . 108
2. Einfluß des Wassergehalts auf das Schwinden und Quellen des Zementmörtels und des Betons . . . 109
3. Einfluß des Gesteins auf das Schwinden und Quellen des Betons . 110
4. Einfluß der Kornzusammensetzung des Sands auf das Schwinden und Quellen des Zementmörtels . . . 111

I. Widerstand des Zementmörtels und des Betons gegen chemischen Angriff . . . 111

K. Zur Anwendung der Erkenntnisse . . . 112
1. Siebversuch. Noch zulässige Zuschlagstoffe. Sand und Kies für besonders guten Beton. Vorausbestimmung der Druckfestigkeit. . . . 112
a) Siebversuch. Großer und kleiner Siebsatz. Siebeinrichtungen besonderer Art . . . 112
b) Noch zulässige Zuschlagstoffe. Sand und Kies für besonders guten Beton . . . 114
c) Zwei Beispiele aus der Praxis. Anwendung der Siebprobe. Vorausbestimmung der Druckfestigkeit . . . 123

Seite
2. Die Verarbeitbarkeit des Betons und ihre Prüfung 132
a) Klatschprobe 133
b) Stampfprobe 135
c) Eindringprobe 137
d) Setzprobe 137
e) Ausbreitprobe 138
f) Gleitprobe in der Rinne 139
3. Bestimmung des Materialbedarfs für die zur Bauausführung bestimmten Mischungen 139
4. Bemerkungen über Maßnahmen und Einrichtungen zur Überwachung der Betonherstellung auf Baustellen 140
5. Hilfsmittel zur Nutzbarmachung der Erkenntnisse durch Unterricht u. dgl. 144

Namenverzeichnis 149
Sachverzeichnis 149

Berichtigung.

S. 52, Fußbem. 1 lies: „Hier“ statt „Vier“
S. 62, Zeile 5 von unten lies: „Zementstein“ statt „Zementbrei“
S. 76, Zeile 12 von unten lies: „Wassergehalts“ statt „Wasserzusatzes“
S. 77, Zeile 1 von oben lies: „Wassergehalts“ statt „Wasserzusatzes“

A. Allgemeines.

Einfluß der groben Zuschläge. Mörtelfestigkeit und Betonfestigkeit.

Wenn die Zusammensetzung des Betons bezeichnet wird, so geschieht dies oft durch einfache Verhältniszahlen, wie „1 : 5“, „1 : 8“ usw., wobei der Beton im ersteren Fall aus einem Raumteil Zement und fünf Raumteilen eines Gemenges von Sand und Kies oder Schotter bestehen soll. Diese Art der Mengenbezeichnung setzt — wenn sie eindeutig sein soll — voraus, daß das Verhältnis der Raumgewichte des Zements und der Zuschlagstoffe stets ein bestimmtes oder doch wenig veränderliches sei. Diese Voraussetzung ist aber nicht angängig, weil das Raumgewicht des Zements in hohem Maße von der Vorbehandlung, der Art des Einfüllens in die Meßgefäße, der Größe der Meßgefäße usw. abhängt, im ganzen für praktische Verhältnisse etwa zwischen 0,9 bis 1,4 kg für 1 Liter schwanken dürfte. Ferner ist das Raumgewicht des Sands und Kiessands veränderlich, vor allem mit dem Wassergehalt des Materials, wie schon lange bekannt ist und zur Wiederholung in Abb. 1 gezeigt sei. Hier wog 1 Liter Kiessand mit 0,4 vH Wasser 1,84 kg, mit 5 bis 8 vH Wasser nur 1,55 kg[1]. Unter solchen nicht außergewöhnlichen Umständen kann die Mischung „1 : 5“ bestehen

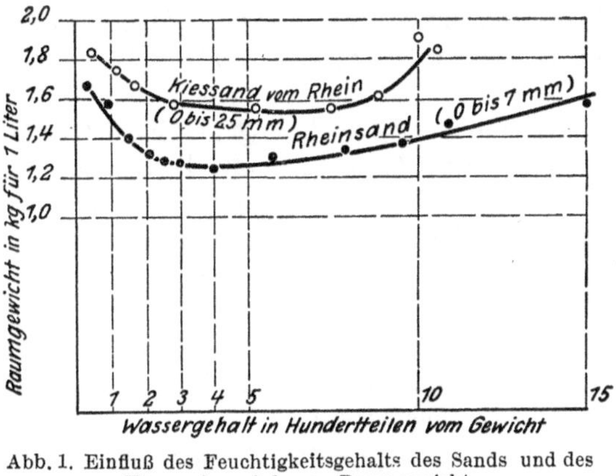

Abb. 1. Einfluß des Feuchtigkeitsgehalts des Sands und des Kiessands auf dessen Raumgewicht.

[1] Im Großbetrieb kann der Einfluß des Wassergehalts auf das Raumgewicht des Sands und des Kiessands hinreichend aufgehoben werden durch Einlagerung des Materials in durchfeuchtetem Zustand. Dieses Verfahren ist ohne weiteres möglich, wenn Sortierung unter Wasserzufuhr vorausgegangen ist.

a) aus 0,9 Gewichtsteilen Zement und $(5 \cdot 1{,}84) = 9{,}2$ Gewichtsteilen Kiessand, wenn der Zement locker eingefüllt wird und der Kiessand lufttrocken ist, wobei etwa 190 kg Zement zu 1 m^3 fertig verarbeitetem Beton verbraucht werden, oder

b) aus 1,4 Gewichtsteilen Zement und $5 \cdot 1{,}55 = 7{,}75$ Gewichtsteilen Kiessand, wenn der Zement aus abgelagerten, in Stapeln gepreßten Säcken oder in anderer gleichwirkender Weise abgefüllt wird und der Kiessand rund 5 bis 8 vH Wasser enthält, wobei etwa 325 kg Zement in 1 m^3 fertigem Beton enthalten sind, oder

c) aus Mischungen, die zwischen a) und b) liegen.

Das Beispiel zeigt, daß der Zementgehalt der Mischung in hohem Maße von den örtlichen Umständen abhängt, wenn das Mischungsverhältnis lediglich nach dem Verhältnis der Raumteile angesetzt wird; im vorliegenden Falle besteht die Möglichkeit, daß der Zementgehalt eines Kubikmeters fertig verarbeiteten Betons zwischen 190 und 325 kg schwankt, ohne daß eine Abweichung von dem Mischungsverhältnis „1 : 5" eintritt. Werden die Zuschlagstoffe gewechselt, so können noch größere Unterschiede auftreten.

Das soeben gezeigte Beispiel dürfte erinnern, daß es sich empfiehlt, wenigstens den Zement nach Gewicht beizumischen und den Zementgehalt für 1 m^3 fertig verarbeiteten Beton festzulegen, also z. B. zu sagen: „300 kg Zement in 1 m^3 fertig verarbeitetem Beton".

Die übliche Bezeichnung „1 : 5" usw. kennzeichnet ferner die noch weitverbreitete Gepflogenheit, die Zuschlagstoffe als geschlossene Masse zu beschaffen und als solche zu verwenden, ohne den Anteil des Sands[1] und der groben Zuschläge in Grenzen zu verlangen, die sachgemäße Ausnützung des Bindemittels ermöglichen.

Dazu zeigt Zusammenstellung 1 unter a) vier Mischungen, die in der bisher üblichen Weise durchweg als aus 1 Raumteil Zement und 5 Raumteilen Kiessand bestehend zu bezeichnen sind.

Veränderlich war das Verhältnis „Sand zu Kies", also der Sandanteil, vgl. 1. und 2. Spalte. Bei gleicher Konsistenz und gleichem Zementaufwand ging die Druckfestigkeit mit wachsendem Sandgehalt des Kiessands erheblich zurück. Wenn der Kiessand zu $^1/_3$ aus Sand bestand, betrug die Druckfestigkeit 259 kg/cm^2; stieg der Sandanteil auf $^3/_4$, so sank die Druckfestigkeit auf 159 kg/cm^2, also auf 60 vH des oberen

[1] Als Sand sind bei allen Versuchen des Verfassers sämtliche Steinstücke verstanden, die durch Siebe mit 7 mm Lochdurchmesser fallen. Diese Grenze erwies sich als zweckdienlich; sie weicht nur unerheblich von der Grenze ab, die in den deutschen Eisenbetonvorschriften von 1925 neu gegeben ist (Sieb mit 5 mm Maschenweite). Die vom Verfasser gewählte Grenze durch Siebe mit 7 mm Lochdurchmesser wird in den Leitsätzen des deutschen Betonvereins verwendet; sie dürfte auch in späteren Vorschriften Aufnahme finden.

Zusammenstellung 1.

Weich angemachter Beton mit verschiedenem Sandgehalt und gleicher Konsistenz.

Alter: 28 Tage. Lagerung: 7 Tage unter feuchten Tüchern, dann trocken.

1	2	3	4	5
Sand: Kies (Gewichtsteile)	Sandanteil im Kiessand	Druckfestigkeit kg/cm^2	Zement in 1 m^3 Beton kg	Raumgewicht kg/dm^3
a) Beton aus 1 Raumteil hochwertigem Portlandzement und 5 Raumteilen Kiessand vom Rhein.				
1:2	0,33	259	276	2,32
2:3	0,4	237	273	2,30
1:1	0,5	222	272	2,26
3:2	0,6	159	272	2,20
b) Beton aus 1 Raumteil Tonerdezement und 8 Raumteilen Kiessand vom Rhein.				
2:3	0,4	277	190	2,27
1:1	0,5	214	188	2,22
3:2	0,6	172	191	2,17
3:1	0,75	134	189	2,06

Wertes[1]. Ähnliche Unterschiede stellten sich bei den in Zusammenstellung 1 unter b) mitgeteilten Versuchen ein. Hier ging die Druckfestigkeit von 277 auf 134 kg/cm^2 zurück, wenn der Sandanteil von $^2/_5$ auf $^3/_4$ stieg.

Hiernach erwies sich der Sandgehalt des Betons unter sonst gleichen Verhältnissen von erheblicher Bedeutung. Dabei ist besonders hervorzuheben, daß unter praktischen Verhältnissen noch größere Unterschiede der Sandgehalte und damit noch bedeutendere Senkungen der Festigkeit zu beobachten sind, selbst in Gegenden, die geeignetes Betonmaterial in beliebiger Menge bieten. Dieses Ergebnis ist nichts Neues, es ist vielmehr altbekannt und an sich zu erwarten. Die Feststellung führte zu der Anschauung, daß in erster Linie die Eigenschaften des Mörtels für die Widerstandsfähigkeit des Betons maßgebend sein werden. Für die Druckfestigkeit des Betons müßte demnach die Druckfestigkeit des Mörtels entscheidend sein. Daß dem so ist, geht aus Zusammenstellung 2 hervor[2].

---

[1] Wenn hiernach in Baubedingungen Beton „1 : 5" oder „1 : 10" oder mit anderen Raumteilen gefordert wird, so ist damit keine Gewähr für die Erlangung eines Betons bestimmter Festigkeit gegeben. Dieses Verfahren beschränkt überdies die Verantwortung der Ausführenden und nimmt ferner dem erfahrenen, verantwortungsbewußten Unternehmer die Möglichkeit, die jeweils erreichbaren Baustoffe wirtschaftlich auszunützen.

[2] Aus Graf, Armierter Beton 1914, S. 250 u. f., sowie Die Druckfestigkeit von Zementmörtel, Beton, Eisenbeton und Mauerwerk, Verlag Konrad Wittwer, Stuttgart 1921.

Zusammenstellung 2.

Beton mit verschiedenen Mengen der groben Zuschläge.

1	2	3	4	5	6
Stampfbeton aus Portlandzement, Rheinsand 0 bis 7 mm und Kalksteinschotter 7 bis 40 mm (Zt, Sd, Sch)			Weich angemachter Beton aus Portlandzement, Rheinsand 0 bis 7 mm und Rheinkies 7 bis 25 mm (Zt, Sd, K)		
Zusammensetzung in Raumteilen	Druckfestigkeit kg/cm²	Zt in 1 m³ Beton kg	Zusammensetzung in Raumteilen	Druckfestigkeit kg/cm²	Zt in 1 m³ Beton kg
1 Zt 2 Sd	360	730	1 Zt 2 Sd	311	650
1 Zt 2 Sd 1 Sch	379	570	1 Zt 2 Sd 2 K	313	390
1 Zt 2 Sd 2 Sch	399	470	1 Zt 2 Sd 3,5 K	294	310
1 Zt 2 Sd 4 Sch	405	340			

Zur Erläuterung seien die Ergebnisse in den Spalten 1 bis 3 herausgegriffen. Der Mörtel war — absichtlich — bei allen Würfeln der gleiche; die Würfel der ersten Reihe blieben ohne Kalksteinschotter, bestanden also nur aus Mörtel; bei den weiteren Würfeln ist Kalksteinschotter zugesetzt worden, und zwar in drei verschiedenen Mengenverhältnissen, derart, daß bei dem größten Schotterzusatz die Schotterstücke noch allseitig vom Mörtel umhüllt wurden und ein guter Stampfbeton entstand. Die Druckfestigkeit fand sich im Alter von 28 Tagen bei den Würfeln aus

1 Raumteil Zement, 2 Raumteilen Rheinsand zu 360 kg/cm²,
1 „ „ 2 „ „ und 1 Raumteil Kalksteinschotter zu 379 „ ,
1 „ „ 2 Raumteilen Rheinsand und 2 Raumteilen Kalksteinschotter zu 399 „ ,
1 „ „ 2 Raumteilen Rheinsand und 4 Raumteilen Kalksteinschotter zu 405 „ .

Diese Zahlen verhalten sich

für die Mischung	1 : 2	1 : 2 : 1	1 : 2 : 2	1 : 2 : 4
wie	360 :	379 :	399 :	405
d. i.	1 :	1,05 :	1,11 :	1,12.

Das Raumgewicht des Betons betrug am Prüfungstag

2,24 2,35 2,40 2,45.

In 1 m³ fertigem Beton waren enthalten

bei der Mischung	1 : 2	1 : 2 : 1	1 : 2 : 2	1 : 2 : 4
	730	570	470	340 kg Zement.

Aus diesen Ergebnissen erhellt, daß die Druckfestigkeit des Betons durch den Schotterzusatz nicht vermindert, sondern erhöht worden ist, allerdings nicht erheblich. Die Festigkeit änderte sich durch den Schotterzusatz nur wenig. Grundlegend erscheint die Festigkeit des Mörtels ohne Schotter; die Mörtelfestigkeit war entscheidend[1] [2].

In Zusammenstellung 2 sind außerdem Ergebnisse eingetragen, die mit weich angemachtem Kiesbeton erlangt wurden. Auch hier erwies sich die Mörtelfestigkeit maßgebend. Diese Feststellung ist selbstverständlich nur so lange gültig, als die Zuschlagstoffe größere Festigkeit als der Mörtel aufweisen und insbesondere insoweit die Masse des Mörtels ausreicht, um die groben Stücke allseitig zu umschließen.

Eigene Untersuchungen über die Menge der groben Zuschläge, die unter verschiedenen Verhältnissen noch zulässig erscheint, zeigten, daß der Mörtelgehalt (Verhältnis des Gewichts von Zement und Sand zum Gewicht des Betons, je trocken gewogen) bei Kiesbeton in der Regel nicht unter etwa 40 vH, bei Schotterbeton nicht unter 50 vH betragen darf, wenn die Hohlräume zwischen den groben Stücken mit Mörtel zuverlässig gefüllt werden sollen und wenn die groben Stücke durch das Sieb mit 50 mm Lochdurchmesser fallen.

Weiteres unter B, 5, S. 50 usw.

Bei Betrachtung der Zahlen in Zusammenstellung 2 ist weiter zu erkennen, daß die übliche Bezeichnung des Mischungsverhältnisses, die Sand und Zuschläge zusammenfaßt (links 1 : 2, 1 : 3, 1 : 4 und 1 : 6, rechts 1 : 2, 1 : 4 und 1 : 5,5), irreführend ist, weil u. a. bei „1 : 3“ die Festigkeit nicht größer ist als bei „1 : 6“ trotz Verwendung gleicher Stoffe.

Schließlich geben die in Zusammenstellung 2 eingetragenen Zahlen des Zementgehalts der verschiedenen Betonmischungen — sie sind bei gleicher Festigkeit sehr verschieden — Anregung, dem Beton aus wirtschaftlichen Gründen soviel grobe Teile beizumischen, als es die jeweilige Bauaufgabe zuläßt.

Im ganzen erkennen wir die Notwendigkeit, die Zusammensetzung des Betons durch Angabe des Anteils von Sand und Kies und Schotter zahlenmäßig bestimmt zu machen, etwa wie folgt: 300 kg Zement in 1 m^3 fertig verarbeitetem Beton, Sand zu groben Zuschlägen wie 2 : 3[3].

Zu ähnlichen Ergebnissen führten weitere Versuche, bei denen magere Mörtel, andere Sande, auch verschiedene Kiese und verschiedene Ze-

---

[1] Diese Feststellung gilt unter der Voraussetzung, daß der Mörtel die Bestandteile des Betons umfaßt, die durch das Sieb mit 7 mm Lochdurchmesser fallen, vgl. S. 2, Fußbemerkung 1.

[2] Burchartz hat in der Zeitschrift „Zement“, 1929, S. 2 u. f. eine andere Auffassung vertreten. Er vergleicht aber Betonmischungen, deren Mörtel verschiedenen Wasserzementfaktor besaßen, was nicht angängig erscheint, wie S. 7 u. f. dargelegt wird.

[3] Über die Bedeutung der Art des Messens der Bestandteile des Betons vgl. Bautechnik 1929, S. 308 u. f.

mente verwendet worden sind. Immer war in erster Linie die Druckfestigkeit des Mörtels, der die Bestandteile umfaßt, die durch das Sieb mit 7 mm Lochdurchmesser fallen, für die Festigkeit des Betons maßgebend.

Hiernach erscheint es geboten, zunächst die Bedingungen für die Widerstandsfähigkeit des Mörtels festzustellen. Dabei kommen namentlich in Betracht

a) die Eigenschaften des Zements,

b) die Größe des Wassergehalts des Zementbreis im frisch verarbeiteten Beton,

c) die Eigenschaften des Sands,

d) die Art der Herstellung des Mörtels (Betons) und der Verarbeitung desselben (Mischen, Transport, Schalung, Stampfen usw.),

e) die Behandlung des Mörtels (Betons) während und nach der Erhärtung.

Die folgenden Darlegungen beschränken sich auf die Beantwortung von Fragen, welche aus a bis c entspringen. Dabei ist auch auf die Eigenschaften der groben Bestandteile einzugehen, soweit das bereits Gesagte einer Ergänzung bedarf.

Zu d und e ist der heutige Stand der Erkenntnisse an anderer Stelle dargestellt[1].

B. Druckfestigkeit des Zementmörtels und des Betons.

1. Einfluß des Wassergehalts auf die Druckfestigkeit des Zementmörtels. Beziehungen zwischen Wassergehalt und Druckfestigkeit bei Verwendung verschiedener Zemente unter sonst gleichen Verhältnissen und Einführung des Wertes $w = \frac{\text{Wassergehalt}}{\text{Zementgewicht}}$ = Wasserzementfaktor im frischen Mörtel.

Daß die Druckfestigkeit des Zementmörtels und des Betons in hohem Maße von der Größe des Wassergehalts des frisch verarbeiteten Betons abhängt, ist seit langer Zeit bekannt und durch viele Versuche für sehr verschiedene Verhältnisse zahlenmäßig festgestellt[2]. Die geringste Was-

[1] Vgl. Graf, Die Druckfestigkeit von Zementmörtel, Beton, Eisenbeton und Mauerwerk, die Zugfestigkeit des unbewehrten und bewehrten Betons, Verlag Konrad Wittwer, Stuttgart 1921; Entwurf und Berechnung von Eisenbetonbauten, herausgegeben vom Deutschen Betonverein, Band I, Kapitel I, Verlag Konrad Wittwer Stuttgart 1926; Graf, Die Baustoffe des Beton- und Eisenbetonbaus, Sammlung Göschen, Band 984, 1928; Bautechnik 1929, S. 308 u. f.

[2] Vgl. u. a. C. Bach, Mitteilungen über die Druckelastizität und Druckfestigkeit von Betonkörpern mit verschiedenem Wasserzusatz, II. Teil 1906, S. 4; Bach und Graf, Heft 72 bis 74 der Mitteilungen über Forschungsarbeiten, herausgegeben vom Verein deutscher Ingenieure, 1909, S. 17 u. f.; Kleinlogel —

sermenge, welche eben noch ausreicht, um mit geübten Arbeitern oder mit entsprechend wirkenden Maschinen durch sorgfältiges Stampfen, Walzen, Pressen usw. einen möglichst vollkommenen Stampfbeton zu erzeugen, liefert bei geeigneter Zusammensetzung des Betons die größte Festigkeit. Mit geringerem Wassergehalt als dem soeben gekennzeichneten bleibt die Festigkeit kleiner; mit Zunahme des Wassergehalts nimmt die Druckfestigkeit ab[1]. Im letzteren Falle wird der Zementbrei welcher die Sandkörner verbinden soll, wasserreicher und weicher, beim Erhärten poriger und damit weniger widerstandsfähig.

Um einen weiteren Einblick zu gewinnen, sei folgendes erwähnt. Portlandzement „LK" mit 223 kg/cm² Normenfestigkeit ergab mit 25 vH Wasserzusatz eine Konsistenz, die ein wenig steifer war als die für Abbindeproben übliche. Mit 30 vH Wasserzusatz wurde der Zementbrei nahezu gießfähig; mit 35 vH Wasserzusatz entstand ein flüssiger, dünner Zementbrei. Die Druckfestigkeit des reinen Zements ergab sich im Alter von 28 Tagen (1 Tag in feuchter Luft, dann unter Wasser)

mit	25	28	30	32	35 vH	Wasserzusatz
zu	350	296	260	242	192	kg/cm²;
das Raumgewicht betrug	2,15	2,14	2,12	2,09	2,04	kg/dm³.

Wenn nun einem bestimmten Zementbrei Sand beigemischt wird, so hängt die Beweglichkeit des Mörtels in erster Linie von der Menge und der Form der Sandkörner ab; mit groben Sanden entsteht unter sonst gleichen Verhältnissen ein beweglicherer Mörtel als mit feinen Sanden, namentlich weil bei feinem Sande eine größere Oberfläche mit Zementbrei zu bedecken ist als bei grobem und weil deshalb die Schicht des Zementbreis zwischen den einzelnen Körnern bei groben Sanden stärker aus fällt als bei feinen[2].

Hundeshagen — Graf, Einflüsse auf Beton, 1929, S. 504 u. f. — Die ältesten systematischen Versuche über den Einfluß des Wasserzusatzes stammen wohl von Zielinski und Zhuk, mitgeteilt in einer Studie über „Vergleichende Untersuchungsmethode der Romanzemente", Budapest 1901.

[1] Vgl. z. B. Graf, Die Druckfestigkeit von Zementmörtel, Beton, Eisenbeton und Mauerwerk, Stuttgart 1921, S. 10 u. f., namentlich Abb. 1, S. 11 daselbst; Entwurf und Berechnung von Eisenbetonbauten, herausgegeben vom Deutschen Betonverein, Stuttgart 1926, S. 26 u. f. (Beitrag von Graf).

[2] Inwieweit ein Teil des Wassers zur Benetzung der Oberfläche der zu verkittenden Körner nötig ist und welche Wassermenge von verschiedenen Sanden aufgesaugt wird, sei zunächst dahingestellt. Hinsichtlich der Geschwindigkeit der Wasseraufnahme des Steinmaterials vgl. u. a. Beton und Eisen, 1921, S. 74.

Daß der Wasserbedarf zur Erlangung einer bestimmten Konsistenz (Beweglichkeit) des Mörtels oder Betons bei verschiedenen Zementen und Sanden verschieden ausfällt (Mörtel mit feinen Sanden verlangen mehr Wasser als Mörtel mit groben Sanden), sowie vom Zementgehalt abhängt, ist seit langer Zeit bekannt. Es lassen sich hierfür einfache Beziehungen aufstellen. Vgl. z. B. Bolomey, Schweiz. Bauzeitung, 1926, Sonderdruck; ferner Jung, Bautechnik 1926, Heft 41 und 42.

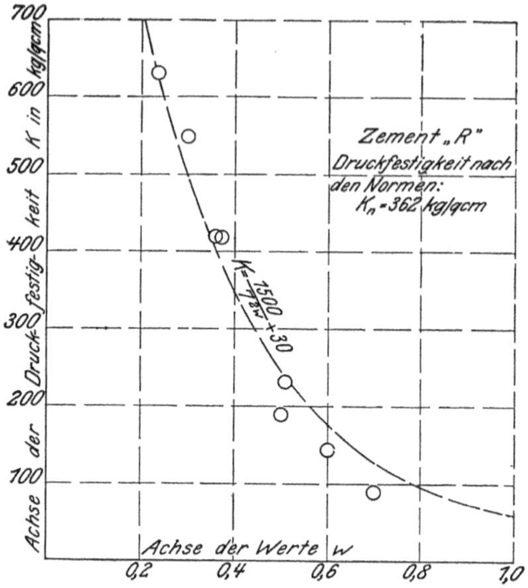

Abb. 2.

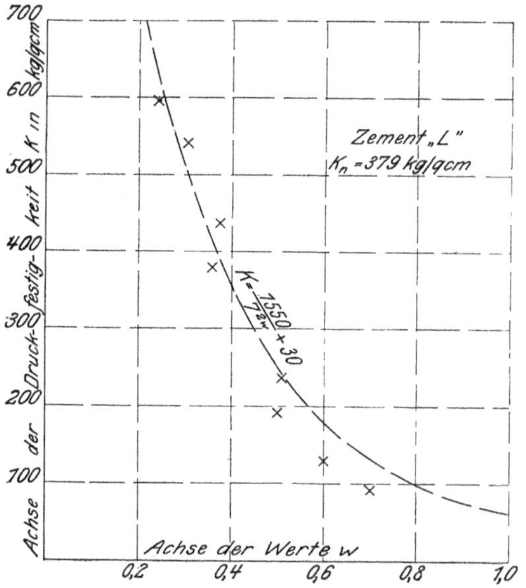

Abb. 3.

Abb. 2 und 3. Abhängigkeit der Druckfestigkeit des Zementmörtels von der Zusammensetzung des Zementbreis bei Verwendung verschiedener Zemente und Beihinger Sand.

Nach solchen Überlegungen ist zu erwarten, daß die Zusammensetzung des Zementbreis im frisch verarbeiteten Zementmörtel für die spätere Festigkeit besonders wichtig ist und daß unmittelbare Zusammenhänge zwischen der Beschaffenheit des Zementbreis und den Festigkeitseigenschaften zu suchen sind.

Zusammenstellung 3 enthält unter a Ergebnisse aus Versuchen mit vier verschiedenen Zementen. Wird für diese Versuche, sowie für die in derselben Zusammenstellung unter b eingetragenen, der Wert $w = \frac{\text{Wassergehalt}^{1}}{\text{Zementgewicht}}$ ermittelt und dieser Wert als Abszisse zu der zugehörigen Druckfestigkeit als Ordinate aufgetragen, so ergeben sich u. a. die Abb. 2 und 3. Die Lage der Versuchswerte läßt, wie erwartet, auf eine Gesetzmäßigkeit schliessen, welche abhängt von den Eigenschaften des

[1] Unter Wassergehalt wird die Wassermenge verstanden, welche in dem frisch angemachten Mörtel enthalten ist, also der Wasserzusatz einschließlich dem Wassergehalt des Sands usf. (streng genommen nur das Oberflächenwasser des Sands, nicht das im Gestein lagernde Wasser).

Zusammenstellung 3.

a) Einfluß des Wassergehalts auf die Druckfestigkeit von Zementmörtel aus 1 Gewichtsteil Zement und 4 Gewichtsteilen Beihinger Sand, bei Verwendung verschiedener Zemente.

1	2	3	4	5	6
Wassergehalt in Hundertteilen vom Gewicht der trockenen Stoffe	Wert w	Druckfestigkeit des Zementmörtels[1] in kg/cm² (und Raumgewicht) bei Verwendung von			
		Hochofenzement „R“ (Normenfestigkeit 362 kg/cm²)	Portlandzement „L“ (Normenfestigkeit 379 kg/cm²)	Portlandzement „T“ (Normenfestigkeit 487 kg/cm²)	Portlandzement „All“ (Normenfestigkeit 330 kg/cm²)
7,2 (erdfeucht)	0,36	[1][2] 420 (2,21)	[1] 381 (2,17)	[1] 547 (2,24)	[1] 347 (2,19)
10	0,50	[0,45] 190 (2,15)	[0,50] 192 (2,12)	[0,55] 300 (2,18)	[0,54] 188 (2,12)
12	0,60	[0,34] 144 (2,12)	[0,34] 130 (2,08)	[0,44] 238 (2,13)	[0,34] 119 (2,07)
14 (nahezu gießfähig)	0,70	[0,21] 90 (2,05)	[0,24] 92 (2,04)	[0,33] 181 (2,08)	[0,27] 95 (2,00)

b) Einfluß der Größe des Zementgehalts auf die Druckfestigkeit von Zementmörtel aus 4 verschiedenen Zementen und Beihinger Sand.

1	2	3	4	5	6
Zusammensetzung des Mörtels (in Gewichtsteilen)	Wert w	[Wassergehalt in vH], Druckfestigkeit und (Raumgewicht) des Zementmörtels[1] bei Verwendung von			
		Zement „R“ (Normenfestigkeit 362 kg/cm²)	Zement „L“ (Normenfestigkeit 379 kg/cm²)	Zement „T“ (Normenfestigkeit 487 kg/cm²)	Zement „All“ (Normenfestigkeit 330 kg/cm²)
1 : 6	0,51	[7,3] 232 (2,19)	[7,3] 238 (2,14)	[7,3] 321 (2,20)	[7,3] 241 (2,17)
1 : 4	0,37	[7,4] 419 (2,31)	[7,5] 439 (2,28)	[7,4] 544 (2,29)	[7,4] 395 (2,26)
1 : 3	0,30	[7,6] 549 (2,33)	[7,6] 543 (2,29)	[7,6] 646 (2,31)	[7,6] 480 (2,30)
1 : 2	0,24	[7,9] 632 (2,31)	[8,1] 597 (2,30)	[7,9] 677 (2,31)	[7,9] 547 (2,31)

Zements[3], dem Alter und der Behandlung des Mörtels, sowie von der Größe der Betonkörper. Diese Gesetzmäßigkeit kann bei gleichem Zement durch eine Konstante A zum Ausdruck gebracht werden. Ferner ist die Beschaffenheit des Sands durch einen weiteren Erfahrungswert B zu berücksichtigen, entsprechend dem Einfluß der Kornverteilung auf den für eine bestimmte Konsistenz des fertigen Mörtels nötigen Wassergehalt des Zementbreis. Von der Beschaffenheit des Sands hängt der erforderliche Wasserzusatz und damit der Wert w ab, weshalb B und w in Zusammenhang zu bringen sind. Andere Umstände gaben zur Einführung

[1] Lagerung: 1 Tag in feuchter Luft, 6 Tage unter Wasser, 21 Tage an der Luft. Würfel von 7 cm Kantenlänge, Mittelwerte aus je vier Versuchen.

[2] Verhältniszahlen.

[3] Hierbei ist wahrscheinlich auch die Körnung des Zements beteiligt, vgl. S. 58 u. f. das zu Abb. 64 und 65 Gesagte, sowie S. 12, Fußbemerkung, auch Zement 1930, S. 48 und 49.

eines Erfahrungswerts C Anlaß. Auf diesem Wege entstanden die in Abb. 2 und 3 eingetragenen Kurven, welche der Gleichung

$$K = \frac{A}{B^{2w}} + C \tag{1}$$

folgen, worin K die Druckfestigkeit des Zementmörtels in kg/cm² bedeutet.

Nach Abb. 2 und 3 und hier nicht wiedergegebenen Ermittlungen zu den weiteren in Zusammenstellung 3 eingetragenen Versuchsergebnissen fand sich unter sonst gleichen Verhältnissen

mit Zement „R“ (Normenfestigkeit $K_n = 362$ kg/cm²) $K = \frac{1500}{7^{2w}} + 30$ kg/cm²,

„ „ „L“ „ $K_n = 379$ „ $K = \frac{1550}{7^{2w}} + 30$ „ ,

„ „ „T“ „ $K_n = 487$ „ $K = \frac{2000}{7^{2w}} + 30$ „ ,

„ „ „All“ „ $K_n = 330$ „ $K = \frac{1350}{7^{2w}} + 30$ „ .

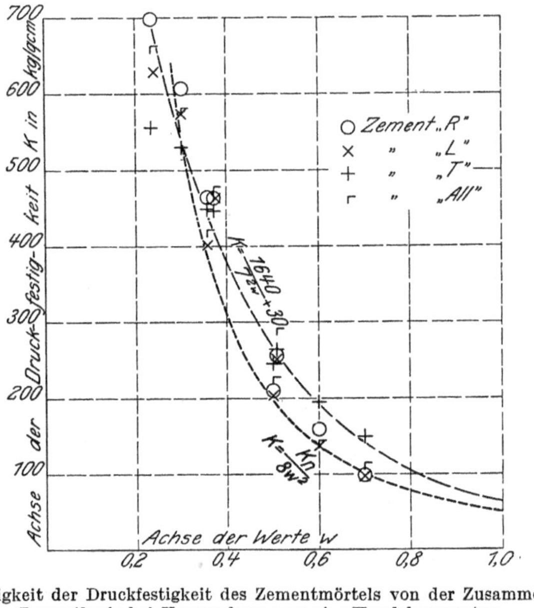

Abb. 4. Abhängigkeit der Druckfestigkeit des Zementmörtels von der Zusammensetzung des Zementbreis bei Verwendung von vier Handelszementen.

Die Werte A verhalten sich bei Bezugnahme auf Zement „T“ wie

$$1500 : 1550 : 2000 : 1350 = 0{,}75 : 0{,}775 : 1 : 0{,}675$$

und die Normenfestigkeiten der Zemente wie

$$362 : 379 : 487 : 330 = 0{,}74 : 0{,}78 : 1 : 0{,}68.$$

Die Verhältniszahlen der Werte A sind somit fast genau die gleichen wie die Verhältniszahlen der Normenfestigkeit der Zemente. In der Gleichung 1 erscheint unter den vorliegenden Verhältnissen der Wert w unmittelbar abhängig von den Eigenschaften des Zements. Werden dementsprechend die in Abb. 2 und 3 dargestellten Ergebnisse und die weiteren der Zusammenstellung 3 auf 400 kg/cm² Normenfestigkeit bezogen, so findet sich Abb. 4, welche

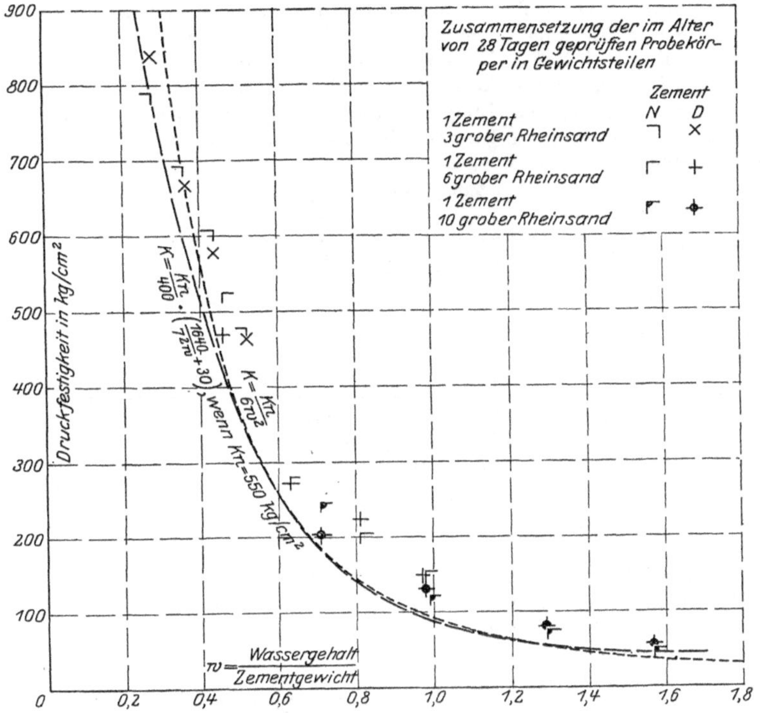

Abb. 5. Abhängigkeit der Druckfestigkeit des Zementmörtels von der Zusammensetzung des Zementbreis bei Verwendung von zwei hochwertigen Portlandzementen.

eine befriedigende Übereinstimmung zwischen der Rechnung nach Gleichung (1) und dem Versuch zeigt. Hieraus folgt, daß Gleichung (1) als Hilfsmittel bei der Bestimmung der Festigkeitseigenschaften des Zementmörtels angewandt werden kann. Unter den vorliegenden Verhältnissen würde die Angabe der Festigkeitseigenschaften des Zements und die Bestimmung des Wassergehalts beim Anmachen des Mörtels zu annäherndem Aufschluß über die voraussichtliche Druckfestigkeit genügen.

Diese Feststellungen wurden bei späteren Versuchen mit Portlandzementen höherer Festigkeit ($K_n =$ rund 550 bis 600 kg/cm²) bestätigt, wie Abb. 5 erkennen läßt.

Allerdings haben sich auch Ausnahmen gezeigt, wie u. a. in der Zeitschrift des Vereines Deutscher Ingenieure 1924, S. 855 für Tonerdezement und 1929, S. 1401 für andere Zemente dargelegt ist[1].

[1] Die übliche Anwendung der Zementprüfung hat zur Voraussetzung, daß die Festigkeit des Betons und der Mörtel, die bei Bauausführungen hergestellt werden, unter sonst gleichen Verhältnissen unmittelbar mit der Normenfestigkeit veränderlich ist, z. B. daß Zement mit $K_n = 600$ kg/cm² gegenüber Zement mit $K_n = 300$ kg/cm² das Doppelte an Druckfestigkeit auch im Beton liefere. Diese Voraussetzung ist bei vielen Zementen als zutreffend gefunden worden, wenigstens mit der Annäherung, die hier überhaupt zu erwarten ist. Aber es finden sich auch Ausnahmen, d. h. es gibt Zemente, die mehr oder minder geringere Betonfestigkeiten liefern, als die Normenfestigkeit erwarten läßt. Fälle, die praktisch bedenkliche Folgen hatten, blieben selten; weniger ausgeprägte Abweichungen von mittleren Verhältnissen wurden mit der in neuerer Zeit einsetzenden weiteren Untersuchung öfters festgestellt.

Zusammenstellung 4.
Festigkeit verschieden angemachter Mörtel.

1	2	3	4	5	6	7	8
Zement	Normendruckfestigkeit K_{n28}	Würfel mit gemischtkörnigem Sand: Wasserzementfaktor w 1:4 erdfeucht	1:2 weich	1:4 weich	Druckfestigkeit kg/cm² 1:4* erdfeucht	1:2** weich	1:4** weich
D	671	0,39	0,41	0,66	581	666	294
B	369	0,37	0,47	0,75	311	202	58
R	342	0,37	0,47	0,75	256	172	49

* 1 Tag in feuchter Luft, 27 Tage in Wasser von 15 bis 20° C.
** 1 Tag unter feuchten Tüchern, 6 Tage in Wasser von 15 bis 20° C, 21 Tage trocken in einem Raum mit 15 bis 20° C Lufttemperatur.

Zusammenstellung 4 zeigt, wie die Festigkeiten von weich angemachten Mörteln mit gemischtkörnigen Sanden durchaus nicht mit den Festigkeiten der erdfeucht angemachten Mörtel gleichliefen. Die Verhältniszahlen betragen

für die Normenfestigkeiten 671 : 369 : 342 = 1 : 0,55 : 0,51,
„ „ gemischtkörnigen,
weich angemachten Mörtel 1 : 2 666 : 202 : 172 = 1 : 0,30 : 0,26,
desgl. 1 : 4 294 : 58 : 49 = 1 : 0,20 : 0,17.

Der Unterschied wurde größer mit zunehmendem Wasserzementfaktor. Dieses Ergebnis gibt Anlaß, bei Gußbetonbauten, überhaupt bei Beton, der mit viel Wasser angemacht wird, nicht außer acht zu lassen, daß es Zemente gibt, die unter solchen Umständen weniger leisten, als die Normenprüfung erwarten läßt. Ein besonders krasser Fall begegnete mir im Jahr 1928. Aus den zugehörigen Versuchen, die Klarstellung brachten, seien einige Zahlen genannt:

	Zement a	l	g	
Normenfestigkeit K_n . . .	= 570	546	546	kg/cm²,
flüssig angemachter Mörtel 1 : 4, $w = 0,88$, K_{28} . . .	= 186	154	46	„ ,

also mit Zement g viel weniger als die Normenprüfung versprach.

Die Versuche lassen erkennen, daß Veranlassung vorliegt, in gewissen Fällen neben der jetzigen Normenprüfung, die sich auf erdfeucht angemachte Mörtel stützt, die im Baubetrieb nie oder höchst selten vorkommen, Prüfungen mit weich und flüssig gemachtem Mörtel unter Verwendung von gemischtkörnigen Sanden vorzunehmen, die wirklichen Verhältnissen nahekommen.

Gleichung (1) ist für den praktischen Gebrauch umständlich. Es war deshalb eine einfachere Beziehung erwünscht. Als solche fand sich —

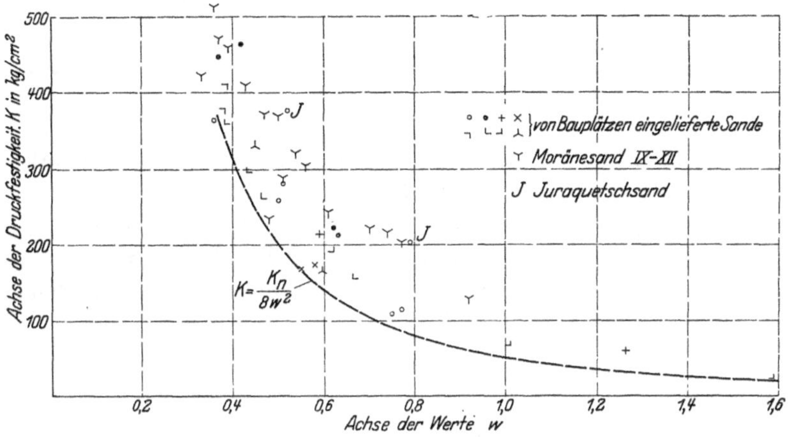

Abb. 6. Abhängigkeit der Druckfestigkeit des Zementmörtels von der Zusammensetzung des Zementbreis bei Verwendung verschiedener Sande.

für Mörtel und Beton gültig, dessen Wasserzementfaktor über 0,35 liegt—

$$K = \frac{A}{B \cdot w^2}, \tag{2}$$

worin sich A unmittelbar von der Normenfestigkeit K_n abhängig erwies, so daß bei geeigneter Wahl von B auch $A = K_n$ gesetzt werden konnte,

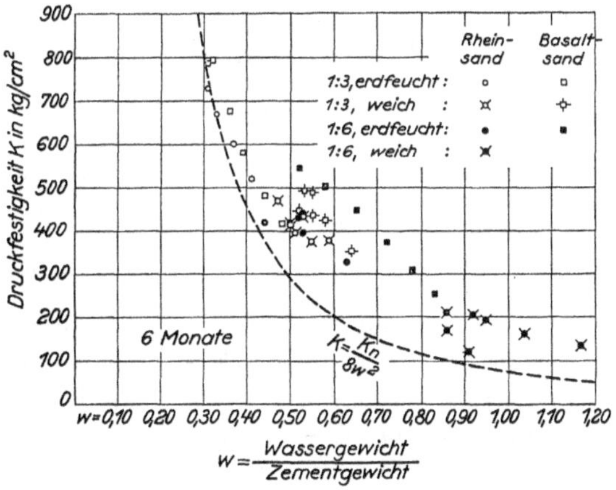

Abb. 7. Wasserzementfaktor und Druckfestigkeit von Zementmörteln. $K_n = 580$ kg/cm². Lagerung: 14 Tage unter feuchten Tüchern, dann trocken.

$B = 8$, wenn Mindestfestigkeiten zu bestimmen sind,

B kleiner als 8, z. B. $B = 6$, wenn es sich um mittlere Festigkeiten handelt, bzw. $B = 4$, wenn es sich um die oberen Grenzwerte der Festigkeiten handelt.

Die Kurve nach Gleichung (2) ist in den Abb. 4 und 5 sinngemäß eingetragen. Hier ist auch, wie schon bemerkt, zu erkennen, daß Gleichung (2) nicht zu verwenden ist, wenn w kleiner als etwa 0,35 wird. Diese Einschränkung hat zur Zeit keine praktische Bedeutung, da w im Baubetrieb stets erheblich größer als 0,35 ausfällt, auch bei der Herstellung von Zementwaren fast immer größer zu wählen ist.

Zahlreiche weitere Versuche mit gemischtkörnigen Sanden verschiedener Zusammensetzung und Herkunft bestätigen die mitgeteilten Beziehungen zwischen dem Wasserzementfaktor *w* und der Druckfestigkeit der Mörtel, wie die Beispiele in Abb. 6 und 7 erkennen lassen.

2. Einfluß des Wassergehalts auf die Druckfestigkeit des Betons.

Aus den Versuchen, welche seit 1905 in der Materialprüfungsanstalt der Technischen Hochschule Stuttgart mit Beton durchgeführt wurden, sind alle gesammelt, die von einer Prüfung des verwendeten Zements

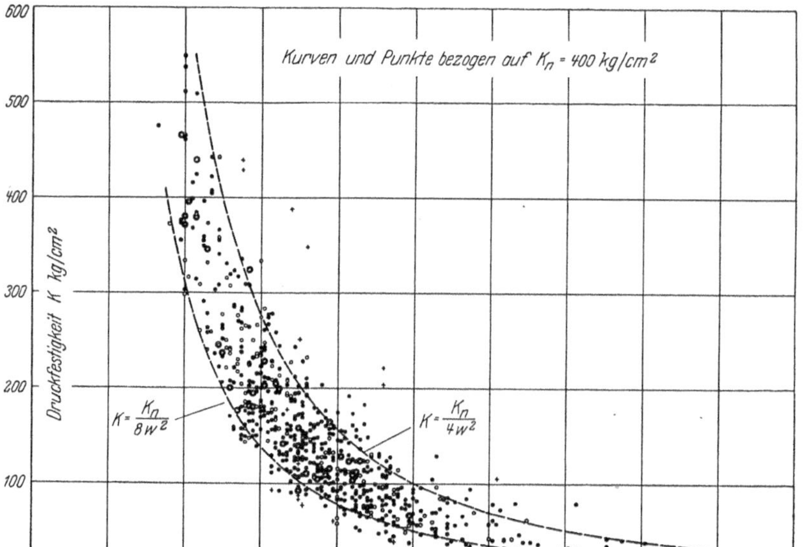

Abb. 8. Wasserzementfaktor und Würfelfestigkeit des Betons (rund 600 Versuchsreihen).

begleitet waren und bei denen bekannte Stoffe verarbeitet worden sind. Es handelt sich um rund 600 Versuchsreihen, mit vielerlei Betonmischungen, mit Stoffen aus fast allen Ländern des Deutschen Reichs. Die Versuchskörper waren Würfel mit 30 cm oder 20 cm Kantenlänge, erstere fast immer aus Stampfbeton, letztere aus Mischungen für Eisenbetonbauten, Schleusen, Staumauern usf. Zu diesen Versuchen ist der Wasserzementfaktor *w* (Verhältnis des Wassergehalts zum Zementgewicht im frischen Beton) festgestellt worden. Die Ergebnisse sind in Abb. 8 zeichnerisch dargestellt. Die vollen und offenen Kreise gehören zu Mischungen mit Portlandzement oder Eisenportlandzement oder Hochofenzement, während die Kreuze für Beton mit Tonerdezement gelten. Wird von den letzteren abgesehen, so läßt sich die Punktschar etwa durch die eingetragenen Kurven umhüllen.

Die Mindestfestigkeit, welche mit 28 Tage alten Betonwürfeln erreicht wurde, betrug hiernach

$$K = \frac{K_n}{8\,w^2}\ \mathrm{kg/cm^2}. \tag{3}$$

Die Höchstwerte liegen etwa bei

$$K = \frac{K_n}{4\,w^2}. \tag{4}$$

Diese Ergebnisse sind aus Versuchen mit praktisch brauchbaren Betonmischungen gewonnen. Die Verarbeitung geschah entsprechend der gewählten Konsistenz, die vom Stampfbeton bis zum dünnflüssigen Gußbeton mit geringem und mit hohem Mörtelgehalt reichte[1].

Der Wert w ist immer für das gesamte im Beton befindliche Wasser berechnet, also einschließlich des Wassers, das Sand, Kies usf. mitbringen und das von diesen Stoffen aufgesaugt wird. Streng genommen wäre zu w nur das Wasser des frisch verarbeiteten Zementbreis aufzunehmen, weil nur dieses das Gefüge des Zementbreies und des hieraus entstehenden, für die Festigkeit des Betons maßgebenden Zementsteins beeinflußt; das von Sand, Kies usf. aufgenommene Wasser gehört nicht zum Anmachwasser des Zementbreis[2,3].

Auf die Umstände, welche die Streuung der Versuchswerte gemäß Abb. 8 außerdem begleiten, wird S. 55 usf. eingegangen.

---

[1] Diese Beobachtungen stehen im Einklang mit den zur gleichen Aufgabe unternommenen, zeitlich früher begonnenen Versuchen von Abrams (Design of Concrete mixtures, Bulletin 1 des Structural Materials Research Laboratory, Lewis Institute, 4. Aufl., Chicago 1921), sowie mit den vor kurzem bekanntgewordenen Untersuchungen von McMillan u. Johnson (Portland Cement Association, Report of the Director of Research for the year 1928, S. 3 u. f.). Die Amerikaner benützen eine Beziehung ähnlich der von mir für die praktische Verwendung verlassenen Gleichung 1, nämlich $K = \frac{A}{B^x}$ worin A und B Konstante, die nach Abrams namentlich von den Eigenschaften des verwendeten Zements, vom Alter des Betons, der Behandlung desselben usf. abhängen,

$$\text{und } x = \frac{\text{Wassergehalt des Mörtels oder Betons beim Anmachen}}{\text{absolutes Volumen des Zements}}.$$

[2] Z. B. nehmen gewisse Kalksteinquetschsande erheblich Wasser auf, wenn sie lufttrocken verwendet werden. Damit wird w im frischen Mörtel kleiner. Bleibt dieser Umstand unbeachtet, wie dies u. a. für die Proben J in Abb. 6 geschehen ist, so findet sich die Festigkeit scheinbar zu hoch.

[3] Die Beziehung der Festigkeit des Mörtels auf den Zustand der Kittmasse nach der Verarbeitung müßte weiter beachten, daß sich weich und flüssig angemachte Mörtel nach der Verarbeitung mehr oder minder setzen. Dieser Umstand ist neuerdings von Suenson verfolgt worden. Auf seine Ergebnisse muß später eingegangen werden, da sie erst während der Drucklegung bekannt wurden.

3. Vorausbestimmung der Druckfestigkeit des Betons nach Ermittlung des Wasserzementfaktors w im frischen Beton. Verhältnis der Druckfestigkeit von 7 und 28 Tage alten Betonwürfeln.

Die Ergebnisse unter 1) und 2) zeigen, daß die Zusammensetzung des Zementbreis im frischen Mörtel oder Beton von maßgebender Bedeutung ist. Bereits beim Anmachen der Mischungen kann durch Ermittlung des

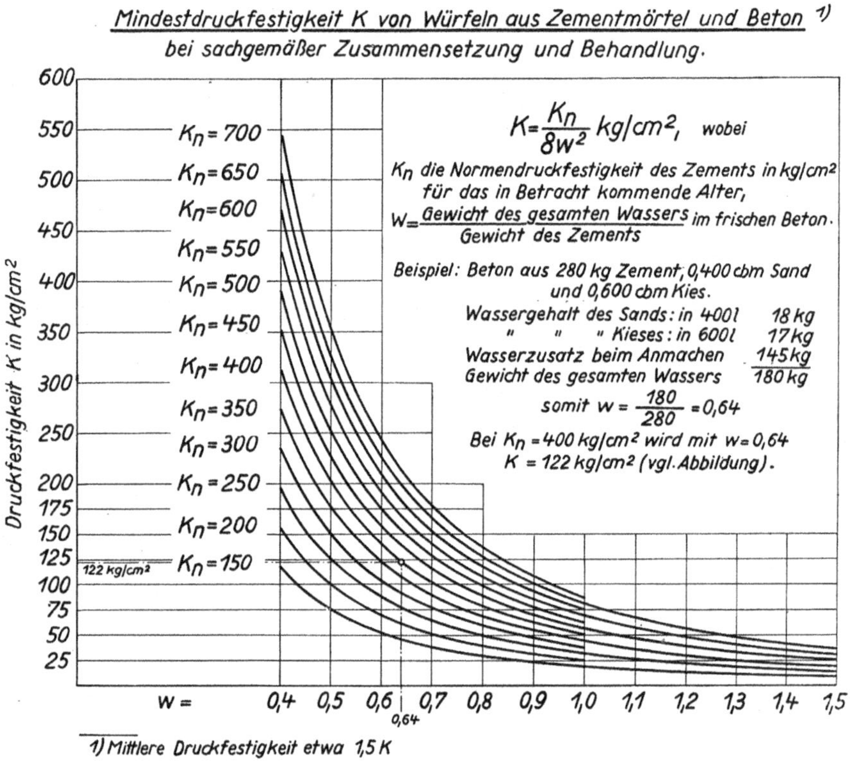

Abb. 9. Tafel zur Vorausbestimmung der Mindestdruckfestigkeit von Mörtel und Beton.

Wasserzementfaktors w ein weitgehender Aufschluß über die voraussichtliche Druckfestigkeit gemäß Gleichung (1) oder (2) gewonnen werden. Ist überdies die Normenfestigkeit der verwendeten Zemente[1] wenig-

[1] Zur technisch-wirtschaftlichen Gestaltung des Betons gehört die fortlaufende Normenprüfung der Zemente, weil die Zemente verschiedener Herkunft nicht gleichwertig sind, weil die höherwertigen Zemente unter sonst gleichen Umständen geringeren Verbrauch zulassen, und weil es wichtig ist, zu wissen, in welchen Grenzen die Festigkeiten der einzelnen Zementmarken schwanken. Werden die so gewonnenen Ergebnisse fortlaufend auf Sammelkarten verzeichnet, so entstehen wertvolle Unterlagen für die Beurteilung der Zemente, ihren Bauwert usf., schließlich auch zu der obenbeschriebenen Vorausbestimmung der Druckfestigkeit.

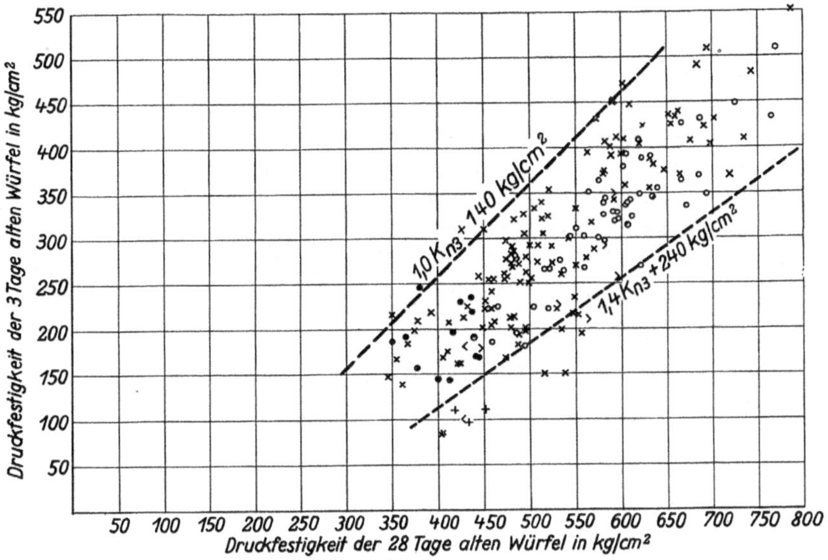

Abb. 10.

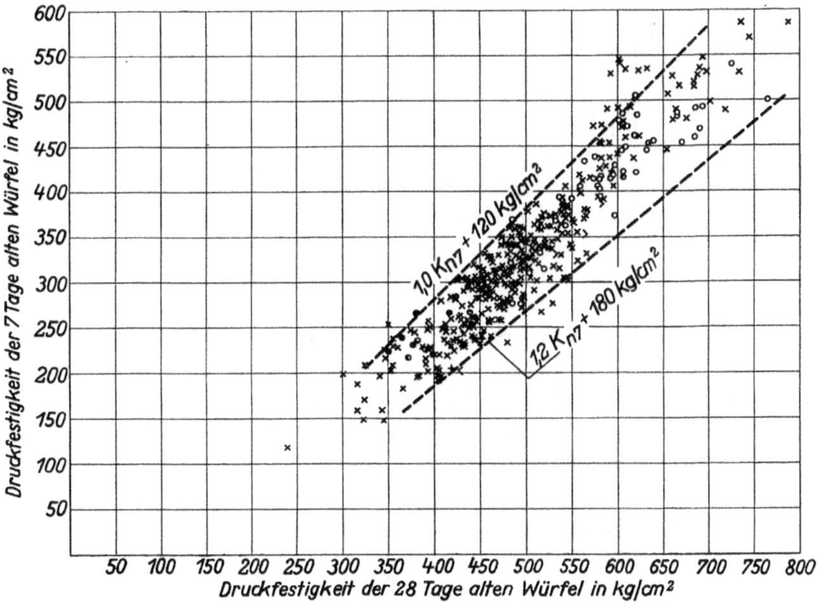

Abb. 11.

Abb. 10 und 11. Beziehungen zwischen der Druckfestigkeit K_n von normengemäß angemachten 3 bzw. 7 Tage alten Würfeln zur Festigkeit von 28 Tage alten Würfeln. Einfluß des Zements.

stens annähernd oder mit dem Mindestwert bekannt, so kann die voraussichtliche Mindestfestigkeit, auch die unter besonders günstigen Umständen erreichbare höchste Festigkeit praktisch hinreichend zuverlässig angegeben werden.

Zur Anwendung dieser Feststellungen hat der Verfasser die in Abb. 9 wiedergegebene Kurventafel angegeben. Das in dieser Abbildung beschriebene Beispiel erläutert den Gebrauch.

Selbstverständlich sind die Untersuchungen nach Abb. 9 nach Möglichkeit durch Druckversuche zu ergänzen.

Im ganzen kann das Vorgehen nach Abb. 9 allein nur in Betracht kommen, wenn es sich um sehr eilige Fälle handelt[1]. Im übrigen gibt Abb. 9 wertvollen Anhalt für die Auswahl der Mischungen bei Einleitung von Versuchen[2].

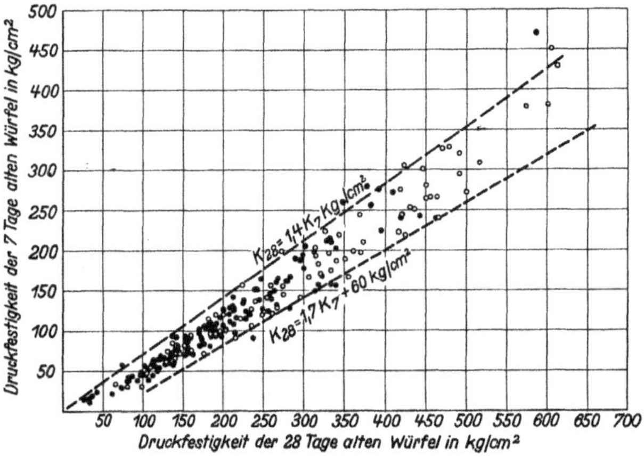

Abb. 12. Beziehungen zwischen der Druckfestigkeit von 7 und 28 Tage alten Betonwürfeln.

Werden bei solchen Vorversuchen aus den in engere Wahl gestellten Mischungen Probewürfel zur Prüfung im Alter von 3 oder 7 Tagen hergestellt, wird überdies sofort die Normenprüfung des Zements begonnen, so kann schon nach wenigen Tagen beurteilt werden, ob die gewählten Mischungen die gewünschte Festigkeit erreichen oder nicht, ob sie zu groß wird oder nicht. Die dann noch erforderlichen Versuche werden in der Regel nur noch in geringerer Zahl nötig sein.

[1] Wiederholt war Gelegenheit gegeben, Abb. 9 bei Versuchen auf Baustellen heranzuziehen. Unter anderem fand sich bei Versuchen im Jahre 1929 bei den Firmen

	S	*D*	*H*	*F*
nach dem Versuch	270	282	155	107 kg/cm²,
nach Abb. 9, also nach der Vorhersage unmittelbar nach dem Anmachen des Betons	203	209	121	81 „ .

[2] Vgl. auch Gilkey, A method for predicting Concrete Strength with increased precision. Proceedings of the Concrete Institute 1928.

Sind genügende Angaben über den Zement nicht vorhanden und ist die Zeit so beschränkt, daß die Normenfestigkeiten vor dem Baubeginn nur für 3 oder 7 Tage alte Proben beschafft werden können, so läßt sich mit solchen Ergebnissen auf Grund älterer Feststellungen eine rohe Schätzung der Festigkeit ausführen, die nach 28 Tagen zu erwarten ist. Vorschläge für solche Schätzungen lassen sich den Abb. 10 und 11 entnehmen, wobei von den Stuttgarter Versuchen der letzten 3 Jahre ausgegangen ist[1].

Die Schätzung der Betonfestigkeit, die sich nach 4 Wochen einstellt, kann von 7 Tage alten Proben gemäß Abb. 12 erfolgen, d. h.

$$K_{28} = 1{,}4\,K_7 \text{ bis } 1{,}7\,K_7 + 60 \text{ kg/cm}^2\,{}^{*2}. \tag{5}$$

4. Einfluß der Kornzusammensetzung (Körnung) und der Gestalt des Sands auf die Druckfestigkeit des Zementmörtels. Zweckmäßige Kornzusammensetzung der Mörtel (Siebregel).

Die ersten Versuche über den Einfluß der Körnung des Betons, aus denen praktisch verwendbare Richtlinien für die Auswahl der Beton-

[1] Vgl. auch Grün u. Kunze, Bauingenieur 1926, Heft 44.

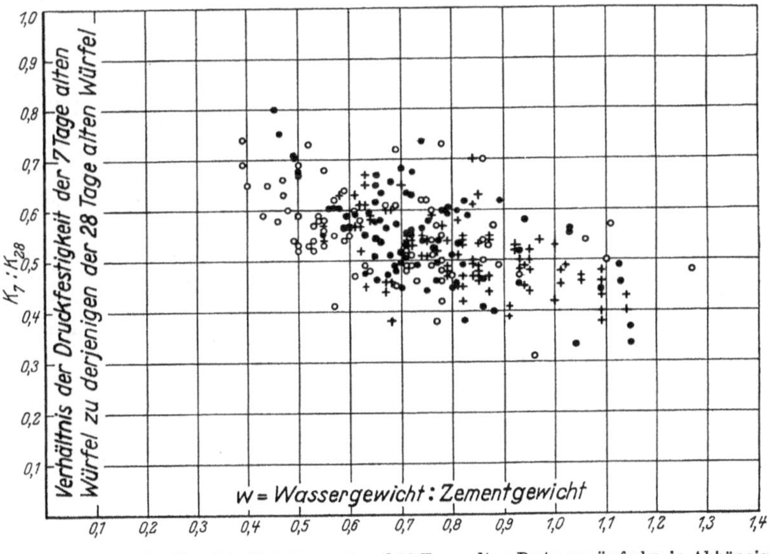

Abb. 13. Verhältnis der Druckfestigkeit von 7 und 28 Tage alten Betonwürfeln in Abhängigkeit vom Wasserzementfaktor.

*2 Dabei ist bemerkenswert, daß $K_7 : K_{28}$ für Beton mit höherem Wasserzementfaktor im allgemeinen abnimmt, vgl. Abb. 13.

stoffe gewonnen wurden, sind wohl von Fuller und Thompson durchgeführt worden[1].

Fuller und Thompson haben ihren Druckversuchen entnommen, daß Kiesbeton die höchsten Festigkeiten liefere, wenn er gemäß dem in Abb. 15 und 16 dargestellten gestrichelten Linienzug zusammengesetzt werde. Hiernach soll die Körnung bis $^1/_{10}$ D, also bis $^1/_{10}$ der oberen Korngrenze des Betons, rd. $^1/_3$ der trockenen Bestandteile des Betons, einschließlich des Zements, umfassen. Für die Stufung der Körnung bis $^1/_{10}$ D ist eine Ellipse gewählt.

Diese auch heute noch wichtigen Feststellungen lassen sich im Baubetrieb nur selten ohne weiteres anwenden, weil der für den Baubetrieb zweckmäßige Gehalt an groben Bestandteilen veränderlich zu wählen ist; in Stampfbeton können mehr grobe Zuschläge aufgenommen werden als im Eisenbeton; zu Eisenbeton mit vielen und eng verlegten Eiseneinlagen ist Beton mit mehr Mörtel notwendig als für massige Eisen-

---

[1] Engineering News, 1907, Band 57, S. 599 u. f.; Engineering Record, 1907, Band 55, S. 580 u. f.; Proceedings of the American Society of Civil Engineers (Papers), 1907, S. 222 u. f.

In den Schlußfolgerungen des Berichts ist u. a. folgendes hervorgehoben: Die zweckmäßige Zusammensetzung des Betons zur Erlangung hoher Festigkeit beruht für einen bestimmten Zementgehalt auf der Feststellung derjenigen Mischung, welche den Beton mit dem geringsten Anteil der Hohlräume, also den dichtesten Beton liefert. Dies werde erreicht, wenn das Volumen des Gemischs aus Sand, Zement und Wasser so groß sei, daß die Hohlräume zwischen den groben Stücken (Steinen) eben noch vollkommen gefüllt werden. Die beste Mischung werde gefunden, wenn die Zusammensetzung des Betons gemäß Abb. 14 erfolge, d. h. die Korngröße der Teile, welche bis $^1/_{10}$ des Durchmessers der größten Steine aufweisen, wird durch eine Ellipse o—a begrenzt, die gröberen Teile durch die Gerade a—b.

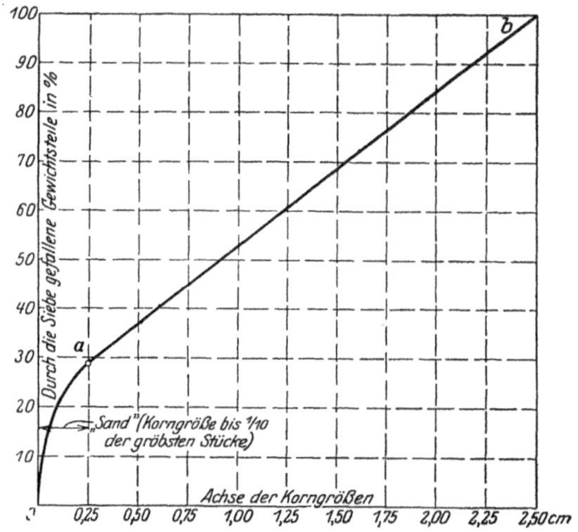

Abb. 14. Fullerlinie.

Der Sand wird hiernach relativ zur Größe der größten Stücke begrenzt. Diese Veränderlichkeit der Größenordnung des Sands kann nach den Versuchen des Verfassers in der Regel entbehrt werden (vgl. in der vorliegenden Schrift S. 4 u. f.). In bezug auf die Kornzusammensetzung des Sands bedeutete die Kurve nach Abb. 14 eine wertvolle Zusammenfassung des damals bekannten.

betonkörper mit weitmaschiger Bewehrung. Dazu tritt selbstverständlich die Rücksicht auf die Beschaffenheit der natürlichen Vorkommen, auch auf die Beschaffungs- und Beförderungskosten.

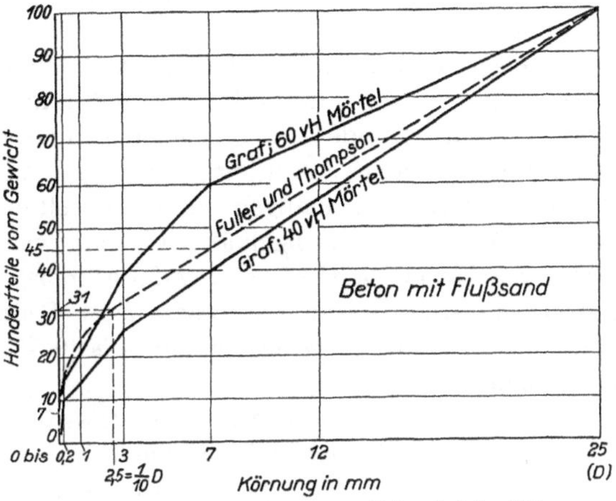

Abb. 15. Kornzusammensetzung von Beton bei der Körnung 0 bis 25 mm.

Diese Sachlage gab Veranlassung, nachzuprüfen, was praktisch als grobe Zuschläge zu gelten hat. Die Erfahrung lehrte, daß die Grenze etwa bei der Körnung zu suchen ist, die durch das 7 mm-Rundlochsieb (etwa gleichwertig mit dem 5 mm-Maschensieb) fällt. Wenn im Eisenbeton die Grundmasse aus den Körnern bis 7 mm gewählt wurde, ließen sich — soweit ich das verfolgen konnte — unter Zusatz veränderlicher Mengen der groben Stücke (Kies, Schotter je nach Möglichkeit bis 40 mm und mehr reichend) alle Erfordernisse durchführen.

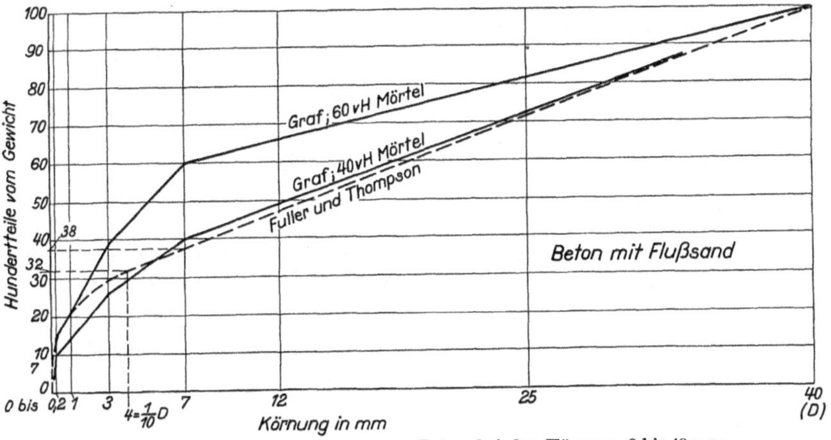

Abb. 16. Kornzusammensetzung von Beton bei der Körnung 0 bis 40 mm.

Weiterhin war zu untersuchen, inwieweit die Menge der groben Zuschläge unter den gewählten Bedingungen Einfluß nimmt. Über zugehörige Feststellungen ist S. 4 u. f., sowie S. 50 u. f. berichtet[1].

[1] Vgl. auch Graf, „Armierter Beton“ Jahrg. 7 (1914), S. 250.

Unter Beibehaltung des Mörtels wurden diesem wachsende Mengen Schotter oder Kies zugesetzt. Die Druckfestigkeit änderte sich dabei nicht erheblich, solange die Mörtelmenge ausreichte, die groben Stücke zu umschließen. Diese Feststellung erschien wichtig, da sich damit nicht bloß die geschilderte Art der Betonzusammensetzung als geeignet erwies (Trennung des Sands durch das 7 mm-Rundlochsieb und Gestaltung des Betons durch Veränderung der Menge des Groben, das auf diesem Sieb liegen blieb), sondern vor allem, weil sich damit die Festigkeit des Mörtels in erster Linie als maßgebend herausstellte. Damit wurden die Maßnahmen, den Beton sachgemäß zusammenzusetzen, wesentlich vereinfacht. Die Kornzusammensetzung der groben Teile erschien in bezug auf die Druckfestigkeit von untergeordneter Bedeutung (vgl. hierzu S. 50 usf.); die Zusammensetzung des Mörtels (0—7 mm) war in erster Linie maßgebend.

Von diesen Feststellungen ausgehend, ist durch zahlreiche Versuche mit verschiedenen Zementen und verschiedenen Sanden (Flußsande, Moränesande, Quetschsande) zuerst die Zusammensetzung der Mörtel gesucht worden, die unter sonst gleichen Umständen die höchste Festigkeit liefert.

a) Versuche mit Sand „F“ und „G“.

Die Versuche mit diesen beiden Sanden sind den Hauptversuchen als *anschauliches* Beispiel vorausgeschickt, weil sie den Einfluß der Körnung des Sands innerhalb der Grenzen zeigen, die praktisch bei Flußsanden *gleicher* Herkunft auftreten.

Die Siebprobe ergab für

	Sand „F“ (feiner Sand)	Sand „G“ (grober Sand)	
auf dem Sieb mit 4900 Maschen auf 1 cm²	99,2	99,7	vH Rückstand,
„ „ „ „ 900 „ „ 1 „	93,3	95,0	„ „ ,
„ „ „ „ 1 mm Lochdurchmesser	25,4	53,8	„ „ ,
„ „ „ „ 3 „ „	0	33,7	„ „ ,
„ „ „ „ 7 „ „	0	0	„ „ .

28 Tage alte Würfel lieferten die Druckfestigkeit nach kombinierter Lagerung (1 Tag in feuchter Luft, 6 Tage unter Wasser, 21 Tage an der Luft in einem trockenen Raum)

für weich angemachte Mörtel (Gewichtsteile)		mit Sand „F“	Sand „G“		Verhältniszahlen
1 : 1	zu	518	613 kg/cm²,	d. i.	1 : 1,18,
1 : 2	zu	329	443 kg/cm²,	d. i.	1 : 1,35,
1 : 3	zu	214	329 kg/cm²,	d. i.	1 : 1,54,
1 : 5	zu	81	165 kg/cm²,	d. i.	1 : 2,04,
1 : 8	zu	40	60 kg/cm²,	d. i.	1 : 1,50.

Die Druckfestigkeit der Mörtel mit dem groben Sand „G“ ist somit um 18—104 vH größer ausgefallen, als bei den Mör-

teln mit dem feinen Sand „F“. Der Unterschied ergab sich bei den Mörteln 1 : 3 und 1 : 5 erheblich größer als bei den fetteren Mörteln.

Zur Erläuterung sei weiterhin auf die ältere Beobachtung verwiesen, daß Mörtel mit feinen Sanden unter sonst gleichen Verhältnissen mehr Wasser erfordern als grobe, wenn die Mörtel bei der Verarbeitung gleiche Konsistenz aufweisen sollen, wie es bei derartigen Vergleichen hier und auch in der Praxis zu geschehen hat. Der Wassergehalt betrug ausschließlich des Feuchtigkeitsgehalts des Sands (rd. 0,5 vH)

	mit Sand „F“	Sand „G“
bei 1 : 1	14,9	14,0 vH,
„ 1 : 2	12,7	11,0 „ ,
„ 1 : 3	12,2	10,0 „ ,
„ 1 : 5	12,1	9,8 „ ,
„ 1 : 8	12,1	9,8 „ .

Es muß hiernach der Zementbrei im Mörtel mit Sand „F“ jeweils weicher gewesen sein, um die erforderliche Beweglichkeit des Mörtels zu erlangen.

Nach dem unter B 1 Gesagten war dann zu erwarten, daß die Veränderlichkeit der Druckfestigkeit des Mörtels durch verschiedene Körnung des Sands — in gewissen Grenzen — ähnlichen Gesetzmäßigkeiten unterworfen ist wie die Druckfestigkeit des Mörtels mit veränderlichem Wassergehalt, weil eben in beiden Fällen nach der soeben gemachten Annahme die Konsistenz des Zementbreis verändert wurde. Es sind deshalb für die oben mitgeteilten, sowie weitere, gleichzeitig ausgeführte Versuche die Werte w = Wassergehalt : Zementgewicht bestimmt und in Beziehung zur Druckfestigkeit K zeichnerisch dargestellt worden. Abb. 17 enthält die Ergebnisse; sämtliche Punkte liegen mit großer Annäherung bei dem gestrichelten Linienzug. Der Einfluß der Körnung der beiden Sande, wie er in den Werten der Druckfestigkeit bei gleicher Konsistenz zutage tritt, wird hiernach durch die in Abb. 17 eingetragene

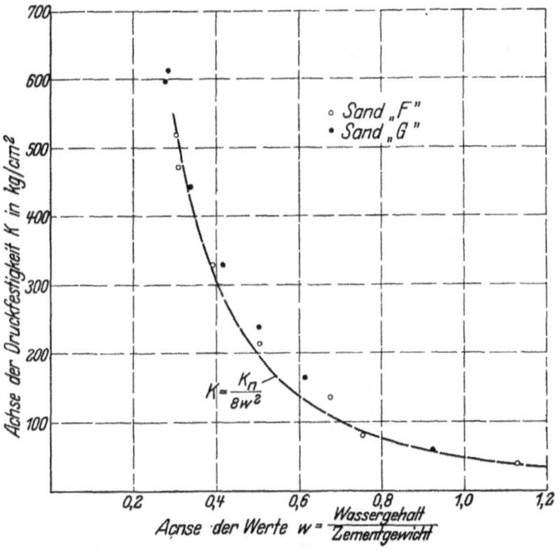

Abb. 17. Abhängigkeit der Druckfestigkeit des Zementmörtels von der Zusammensetzung des Zementbreis bei Verwendung von 2 Sanden mit sehr verschiedener Körnung.

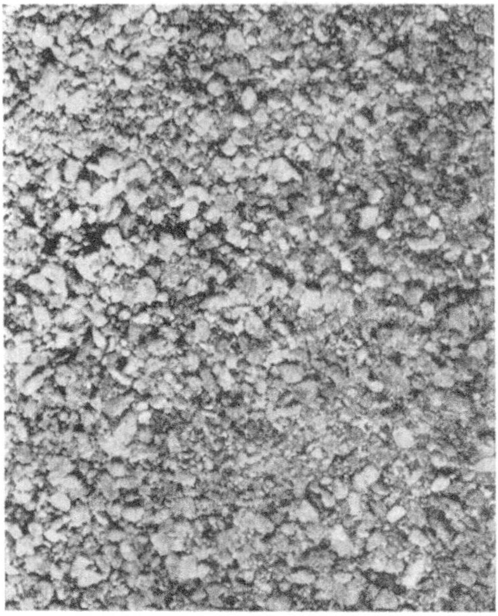

Abb. 18.

Abb. 19.

Abb. 20.

Zu Abb. 18. Sand I. Durch das Sieb mit 900 Maschen auf 1 cm² gefallen (Körnung 0 bis 0,2 mm).

Zu Abb. 19. Sand II. Rückstand vom Sieb mit 900 Maschen auf 1 cm², abgesiebt auf dem Sieb mit 1 mm Lochdurchmesser (Körnung 0,2 bis 1 mm).

Abb. 20. Sand III. Rückstand vom Sieb mit 1 mm Lochweite, abgesiebt auf dem Sieb mit 3 mm Lochdurchmesser (Körnung 1 bis 3 mm).

Abb. 18 bis 20. Sande I bis III aus Flußsand von Beihingen am Neckar, in achtfacher Vergrößerung.

Abb. 21.

Abb. 22.

Abb. 23.

Zu Abb. 21. Sand X. Rückstand vom Sieb mit 900 Maschen auf 1 cm², abgesiebt auf dem Sieb mit 1 mm Lochdurchmesser (Körnung 0,2 bis 1 mm).

Zu Abb. 22. Sand XI. Rückstand auf dem Sieb mit 1 mm Lochdurchmesser, abgesiebt auf dem Sieb mit 3 mm Lochdurchmesser (Körnung 1 bis 3 mm).

Zu Abb. 23. Sand XII. Rückstand auf dem Sieb mit 3 mm Lochdurchmesser, abgesiebt auf dem Sieb mit 7 mm Lochdurchmesser (Körnung 3 bis 7 mm).

Abb. 21 bis 23. Sande X bis XII aus Moränesand von Oberschwaben, in achtfacher Vergrößerung.

Beziehung zwischen den Werten w und der Druckfestigkeit K gesetzmäßig erfaßt, wie bereits S. 6 u. f. dargelegt. Die Gleichung (2) gilt auch hier. Nicht die Körnung des Sandes an sich erscheint entscheidend, sondern die Zusammensetzung des Zementbreis, welcher zur Erlangung einer bestimmten Beweglichkeit des Mörtels bei verschiedenen Sanden und Mischungsverhältnissen verschiedenen Flüssigkeitsgrad aufweisen muß.

b) Versuche mit Flußsanden und Moränesanden.

Zur weiteren Klarstellung sind Sande verschiedener Herkunft durch das Sieb mit 900 Maschen auf 1 cm², sowie durch Rundlochsiebe mit 1 mm, 3 mm und 7 mm Lochdurchmesser in die vier Körnungen 0 bis 0,2, 0,2 bis 1, 1 bis 3 und 3 bis 7 mm geteilt worden[1]. Durch Herstellung bestimmter Sande aus den vier Körnungen und Verarbeitung derselben in Mörteln verschiedenen Zementgehalts und gleicher Konsistenz ist der Einfluß der Sandzusammensetzung auf die Festigkeit der Mörtel verfolgt worden.

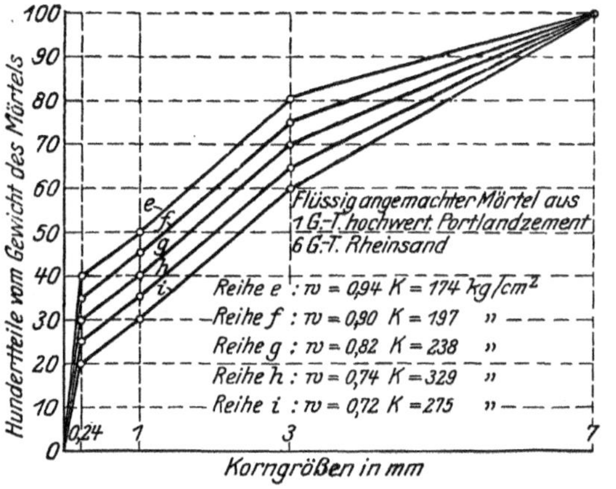

Abb. 24. Versuche zur Feststellung des Einflusses der Körnung der Mörtel auf deren Druckfestigkeit.

Über die Gestalt der Sandkörner eines Flußsands (aus Beihingen) und eines Moränesands (aus Oberschwaben) geben die Abb. 18 bis 23 Auskunft.

Zusammenstellung 5 enthält weitere Angaben zum Beihinger Flußsand.

Anschauliche Beispiele der Ergebnisse der Druckversuche enthält Abb. 24. Hier sind die Sieblinien von fünf Mörteln dargestellt. Mörtel h lieferte die höchste Festigkeit. Die Festigkeit der Mörtel g, f, e (Anteil der feinen Teile größer werdend) und des Mörtels i (Anteil der feinen Teile geringer als bei h) sind kleiner ausgefallen als bei h. Reihe e lieferte nur wenig mehr als die Hälfte der Festigkeit der Reihe h. Der Linienzug für den Mörtel h erwies sich hier und bei zahlreichen andern Versuchen mit Flußsand als derjenige, welcher zu

[1] Die Aufteilung der Sande mit diesen Sieben ist in Stuttgart seit über 20 Jahren üblich.

Zusammenstellung 5.

Untersuchung der Sande aus Beihingen am Neckar.

1	2	3	4	5
Bezeichnung der Korngrößen	Raumgewicht eines Liters lose eingefüllt kg	Raumgewicht eines Liters eingerüttelt kg	Wasseraufnahme von 1 Liter des lose eingefüllten Sands (Spalte 2)[1] kg	Spezifisches Gewicht des Sands, ermittelt im Volumenometer
I. Sämtliche Teile durch das Sieb mit 900 Maschen auf 1 cm² gefallen[2] **(Körnung 0 bis 0,2 mm)**	1,300	1,674	0,434	2,67
II. Rückstand auf dem 900-Maschensieb nach dem Durchfallen durch das Sieb mit 1 mm Lochdurchmesser **(Körnung 0,2 bis 1 mm)**	1,381	1,664	0,450	2,63
III. Rückstand auf dem Sieb mit 1 mm Lochdurchmesser nach dem Durchfallen durch das Sieb mit 3 mm Lochdurchmesser **(Körnung 1 bis 3 mm)** . . .	1,456	1,727	0,427	2,63
IV. Rückstand auf dem Sieb mit 3 mm Lochdurchmesser nach dem Durchfallen durch das Sieb mit 7 mm Lochdurchmesser **(Körnung 3 bis 7 mm)**. . .	1,545	1,791	0,415	2,66

weitgehender Ausnutzung des Zements anzustreben ist. Dieser Linienzug ergibt sich, wenn

25 vH = $^1/_4$ des gesamten trockenen Mörtels durch das Sieb mit 900 Maschen auf 1 cm² fallen (0 bis 0,2 mm),

35 vH = rund $^1/_3$ durch das Sieb mit 1 mm Lochdurchmesser und 65 vH = rund $^2/_3$ durch das Sieb mit 3 mm Lochdurchmesser gehen.

---

[1] Der Wasseraufnahme entsprechen bei den Sanden nicht die tatsächlich vorhandenen Hohlräume. Dies ergibt sich aus folgender Gegenüberstellung. Wird das spezifische Gewicht γ des Sandes I aus den Angaben der Spalten 2 und 4 ermittelt, so findet sich $\gamma = 2{,}30$; das tatsächliche spezifische Gewicht ist erheblich größer, nämlich $\gamma = 2{,}67$ gemäß Spalte 5. Bei dem gröberen Sand II ergab sich $\gamma = 2{,}51$ aus den Feststellungen der Spalten 2 und 4 gegenüber $\gamma = 2{,}63$ nach Spalte 5. Beim Sand III wurde $\gamma = 2{,}54$ gegen 2,63, und beim Sand IV $\gamma = 2{,}64$ gegen 2,66 ermittelt. Die Bestimmung der Hohlräume hat hiernach besser unter Zugrundelegung des spezifischen Gewichts zu geschehen.

[2] Hiervon fielen 15,1 vH durch das Sieb mit 4900 Maschen auf 1 cm².

Die Kornzusammensetzung der Mörtel mit Flußsand sollte somit dem Linienzug *abcd* in Abb. 25 nahekommen.

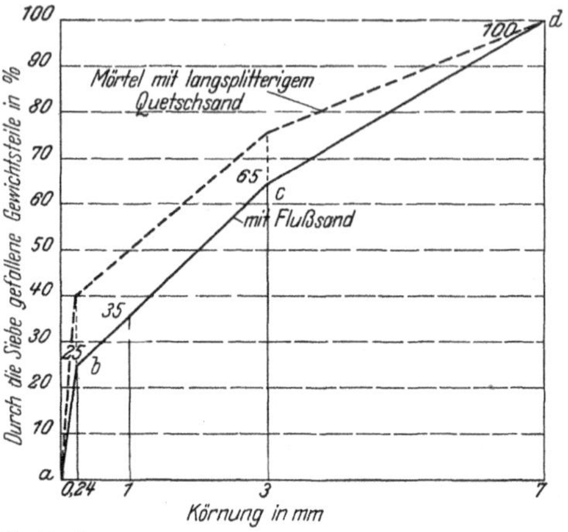

Abb. 25. Zusammensetzung der Mörtel, welche im allgemeinen bei sorgfältiger Verarbeitung besonders hohe Ausnutzung des Zements ermöglichen, auch sonst hochwertige Eigenschaften aufweisen.

Bei besonders sorgfältiger Arbeit kann der Anteil der feinen Bestandteile des Flußsandmörtels noch kleiner gewählt, wie Abb. 26 erkennen läßt. Hier lieferte Mörtel *d* die höchste Druckfestigkeit; die Sieblinie dieses Mörtels liegt tiefer als der Linienzug *a b c d* der Abb. 25.

Für die praktische Anwendung ist zu empfehlen, die Sieblinie der Flußsandmörtel nicht unter *a b c d* der Abb. 25 zu wählen, vielmehr eher etwas höherliegend, weil die gröberen Mörtel besonders sorgfältig verarbeitet werden müssen, wenn sie zufriedenstellende Eigenschaften liefern sollen, weiter, weil die unvermeidlichen Schwankungen der Zusammensetzung der Sande zu beachten sind.

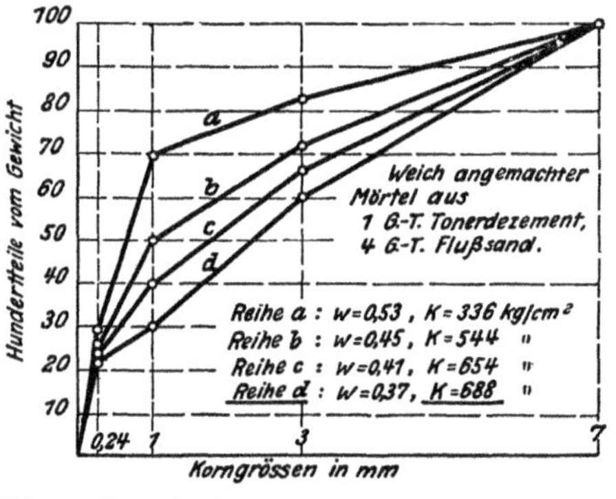

Abb. 26. Versuche über den Einfluß der Körnung der Mörtel auf deren Druckfestigkeit.

Weitere Aufschlüsse brachten Versuche mit Mörteln aus Rheinsand, wobei die Zusammensetzung der Mörtel gemäß den Linien 3 bis 9 der Abb. 27 gewählt wurde[1]. Das Verhältnis des Zementgewichts zum Sandgewicht betrug 1 : 3 und 1 : 6[2]. Die Verarbeitung erfolgte in erdfeuchter und in weicher Konsistenz[3]. Die Versuchskörper waren Balken nach Abb. 28, an denen zunächst die

[1] Vgl. Graf, Zement 1928, S. 1464 u. f.

[2] Die gestrichelten Linien zwischen den Ordinaten für 0,2 und 1 mm Korngröße gelten für die Mörtel 1 : 3, da in diesen Fällen 25 vH des Mörtels als Zement vorhanden sind.

[3] Die Konsistenz der weich angemachten Mörtel ist mit dem in der Tonindustriezeitung 1927, S. 1565, beschriebenen kleinen Rütteltisch gemessen worden. Vgl. im vorliegenden Buch S. 138.

Biegefestigkeit nach Abb. 28, dann nach Abb. 29, schließlich an den Reststücken die Druckfestigkeit gemäß Abb. 30 festgestellt worden ist[1].

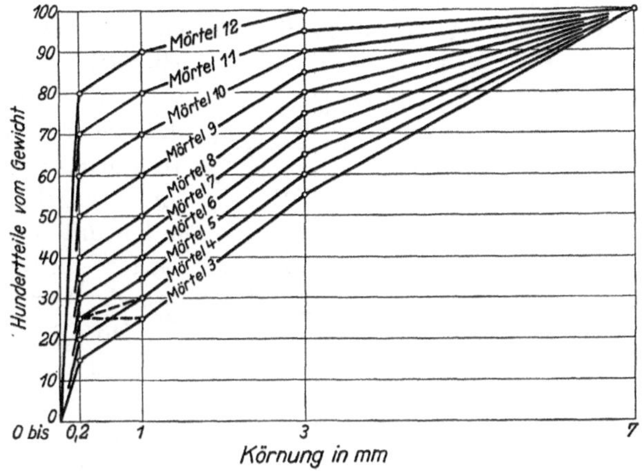

Abb. 27. Kornzusammensetzung von Mörteln, die besonders ausführlich zur Feststellung des Einflusses der Körnung auf die wesentlichen Eigenschaften der Mörtel verwendet wurden.

Kennzeichnende Ergebnisse der Druckversuche finden sich in den Abb. 31 und 32.

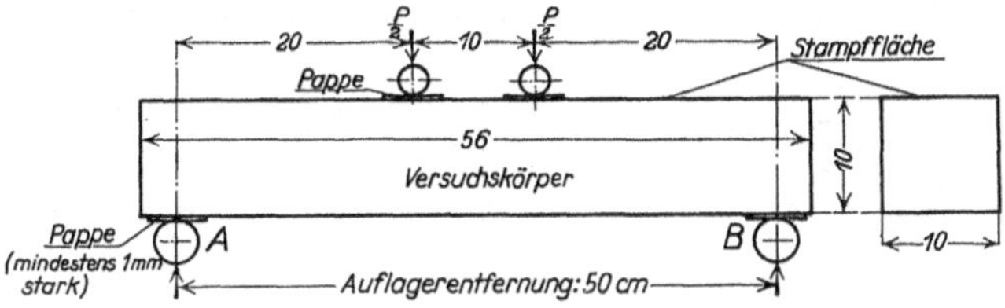

Abb. 28

Maße in cm.

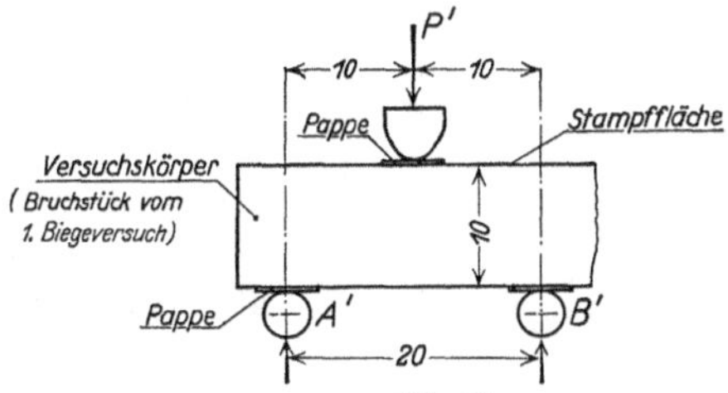

Abb. 29.

Abb. 28 und 29. Balken zur Ermittlung der Biegefestigkeit des Betons.

Abb. 31 gilt für 6 Monate alte Proben, die 14 Tage unter feuchten Tüchern, dann trocken lagerten. Die Linienzüge zeigen, daß unter den

[1] Dieses Verfahren ist vor allem durch Feret (Boulogne sur mer) und Schüle (Zürich) bekannt geworden.

erdfeucht angemachten Mischungen die Mörtel 4 und 5 die höchsten Druckfestigkeiten lieferten, bei den weich angemachten die Mörtel 5 und 6.

Die Prüfungen nach Wasserlagerung, im Alter von 12 Monaten vorgenommen, lieferten die in Abb. 32 eingetragenen Druckfestigkeiten. Hier gehören die Höchstwerte der Linienzüge in der Regel zum Mörtel 5. Im ganzen ist den Abb. 31 und 32 in Übereinstimmung mit früheren Versuchen zu entnehmen, daß die Druckfestigkeit der Mörtel nach der Linie 5 der Abb. 27 (das ist auch der ausgezogene Linienzug der Abb. 25) bei dem Höchstwert liegt, der unter sonst gleichen Umständen auftrat. Die gröberen und die feineren Mörtel lieferten — im ganzen betrachtet — kleinere Festigkeiten, auch kleinere Raumgewichte.

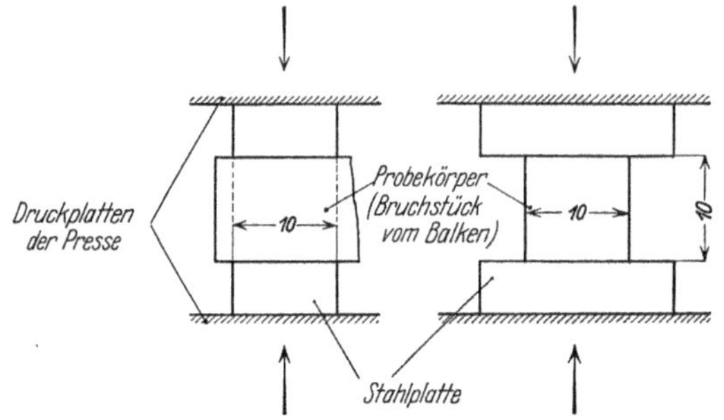

Abb. 30. Druckprobe mit den Bruchstücken des in Abb. 27 gezeichneten Betonbalkens (Biegeprobe und Druckprobe am gleichen Versuchsstück).

Das Mischungsverhältnis der Mörtel blieb ohne ausgeprägten Einfluß auf die für die höchste Festigkeit geeignete Kornzusammensetzung der Mörtel, wenn von der Sieblinie des Mörtels ausgegangen wurde.

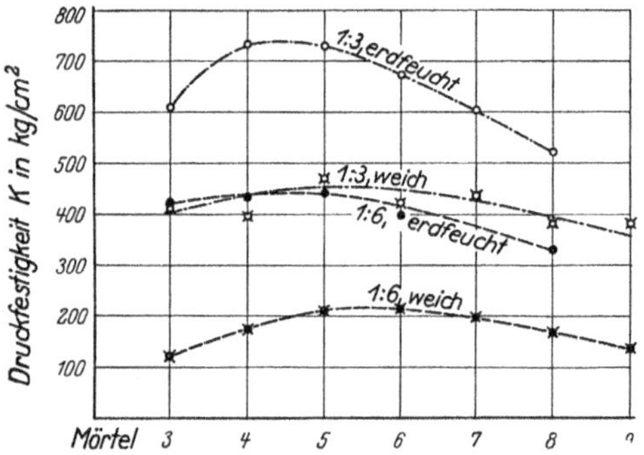

Abb. 31. Druckfestigkeit der in Abb. 27 bezeichneten Mörtel 3 bis 9 mit Rheinsand im Alter von 6 Monaten. Lagerung: 14 Tage unter feuchten Tüchern, dann an der Luft.

Die Versuche zeigten — auch ältere Erfahrungen bei den vielen Siebversuchen, die seit 1903 in Stuttgart ausgeführt wurden —, daß über die Zusammensetzung des Sands nicht auf Grund von Siebproben des Sands allein zu urteilen ist, sondern es muß — abweichend von der auch heute noch weit verbreiteten Gepflogenheit — der Aufbau des Mörtels als Ganzes, also der Anteil der einzelnen Korngrößen im gesamten Mörtel, ins Auge gefaßt werden; die Siebkurve ist für den Mörtel, also für das Gemisch aus Zement und Sand aufzuzeichnen[1].

[1] Streng genommen würde auch der Wasserzusatz zu berücksichtigen sein. Die Beschränkung auf den trockenen Mörtel hat sich als praktisch ausreichend erwiesen.

Wenn demnach hochwertige Mörtel aus Flußsand gemäß dem Linienzug 5 der Abb. 27 hergestellt werden, so soll der Sand bei kleinerem Zementgehalt des Mörtels mehr feine Teile enthalten, und zwar

Körnung	0 bis 0,2	0,2 bis 1	1 bis 3	3 bis 7 mm
bei 1 Gewichtsteil Zement und 3 Gewichtsteilen Flußsand	0	13,3	40	46,7 vH,
bei 1 Gewichtsteil Zement und 6 Gewichtsteilen Flußsand	12,5	11,7	35	40,8 „ .

Moränesand liefert in der Regel Mörtel, der leichter zu verarbeiten ist als Mörtel aus Flußsand. Die Körnung, welche die höchsten Festig-

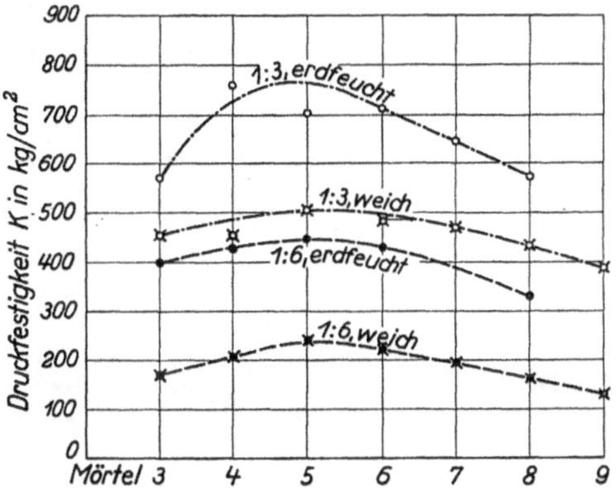

Abb. 32. Druckfestigkeit der in Abb. 27 bezeichneten Mörtel 3 bis 9 mit Rheinsand im Alter von 12 Monaten. Lagerung: 14 Tage unter feuchten Tüchern, 1½ Monate an der Luft, dann unter Wasser.

keiten liefert, ist deshalb beim Moränesand etwas gröber als beim Flußsand, etwa derart, daß an Stelle des Linienzuges *a b c d* der Abb. 25 ein solcher tritt, der bei den Körnungen 0,2 und 1 mm um etwa fünf Einheiten tiefer liegt.

c) Versuche mit Quetschsanden gewöhnlicher Art.

Ein Vergleich der Abb. 33 und 34 läßt erwarten, daß Quetschsande unter sonst gleichen Umständen bei der Verarbeitung sperriger sind und deshalb mehr Sorgfalt, auch relativ mehr Stampfarbeit erfordern als Flußsande. Es gelingt zwar gemäß Abb. 35 und 36 bei erdfeucht angemachten Mörteln mit doppelt gebrochenem Basaltquetschsand unter intensiver Stampfarbeit, auch hier mit der Sieblinie 5 der Abb. 27 (*a b c d* in Abb. 25) die höchsten Festigkeiten zu schaffen; jedoch ist die bei den Versuchen angewandte Sorgfalt unter praktischen Umständen nicht zu gewährleisten. Bei weich angemachten Mörteln sind die Mörtel 6 bis 8 nahezu gleichwertig ausgefallen, wie die Beispiele in Abb. 35 und 36 zeigen.

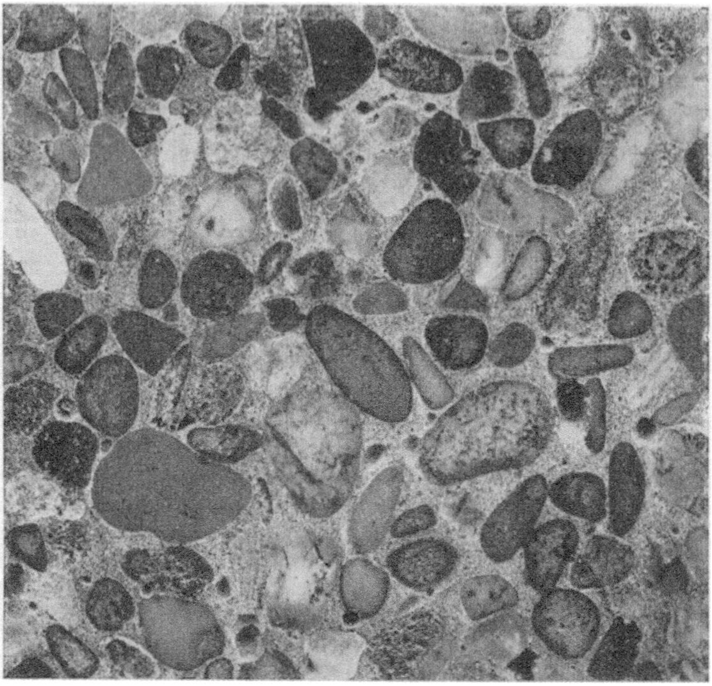

Abb. 33. Schnitt durch Mörtel aus 1 G.T. Zement und 3 G T. Sand 3 bis 7 mm (Sand IV, Zusammenstellung 5) in rund 2,7facher Vergrößerung.

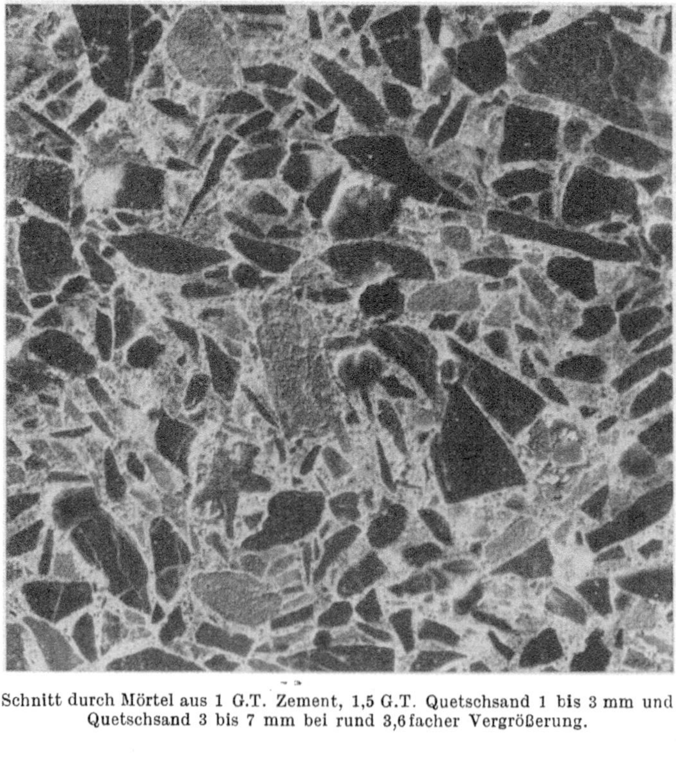

Abb. 34 Schnitt durch Mörtel aus 1 G.T. Zement, 1,5 G.T. Quetschsand 1 bis 3 mm und 1,5 G.T. Quetschsand 3 bis 7 mm bei rund 3,6facher Vergrößerung.

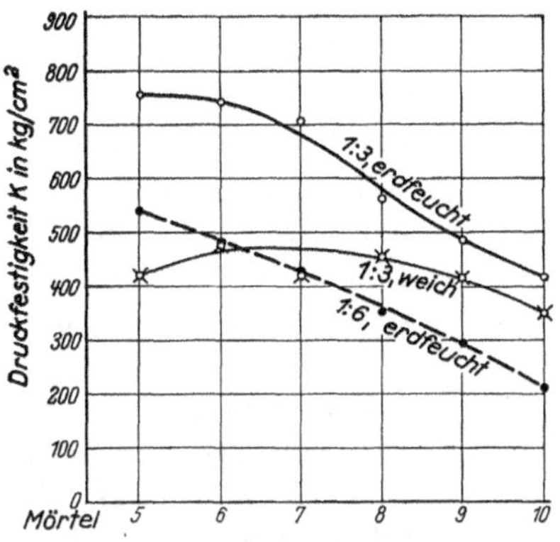

Abb. 35. Druckfestigkeit der in Abb. 27 bezeichneten Mörtel 5 bis 10 mit doppelt gebrochenem Basaltquetschsand. Alter: 2 Monate. Lagerung: 14 Tage unter feuchten Tüchern, dann an der Luft.

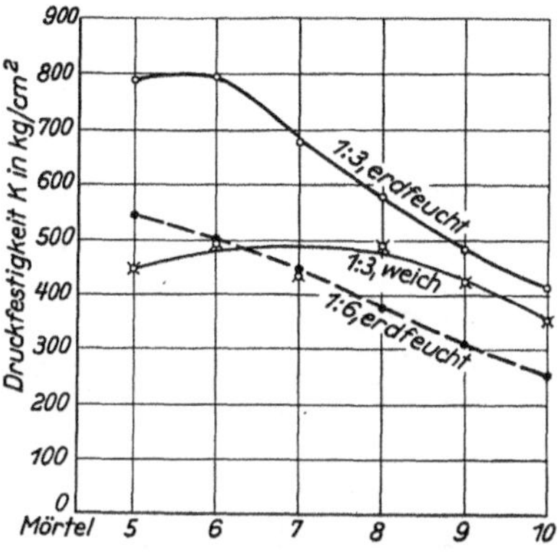

Abb. 36. Druckfestigkeit der in Abb. 27 bezeichneten Mörtel 5 bis 10 mit doppelt gebrochenem Basaltquetschsand. Alter: 6 Monate.

Abb. 37. Doppelt gebrochener Basaltquetschsand, Rückstand auf dem Sieb mit 1 mm Lochdurchmesser, abgesiebt auf dem Sieb mit 3 mm Lochdurchmesser, in etwa sechsfacher Vergrößerung.

Diese Feststellungen gehören — wie schon erwähnt — zu doppelt gebrochenem Basaltquetschsand. Abb. 37 zeigt Proben der Körnung 1 bis 3 mm. Mit gewöhnlichem, also einfach gebrochenem Quetschsand, der aus längeren Splittern besteht, sind deshalb feinere Körnungen als nach der Linie 7 der Abb. 27 nicht zu empfehlen, wie besondere Versuche bestätigt haben. Handelt es sich um Quetschsande mit rauher Oberfläche, so ist der Mörtel 7 ebenfalls zu empfehlen, auch wenn das Material nicht langsplitterig ist. Abb. 38 zeigt dies für Mörtel mit Material nach Abb. 39[1].

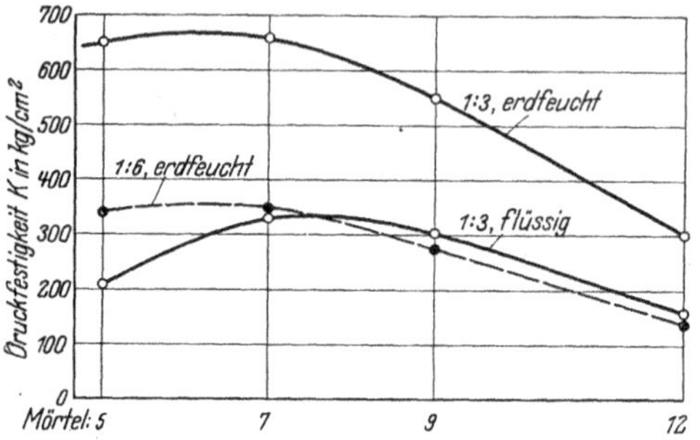

Abb. 38. Druckfestigkeit der in Abb. 27 bezeichneten Mörtel 5, 7, 9 und 12 mit gebrochener Stückschlacke. Alter: 28 Tage. Lagerung: 1 Tag in feuchter Luft, 6 Tage unter Wasser, 21 Tage an der Luft.

Im Ganzen ist zu sagen, daß für Mörtel mit gebrochenen Sanden eine besonders hohe Druckfestigkeit zu erwarten ist, wenn sie etwa nach der

Abb. 39. Quetschsand mit rauher Oberfläche.

[1] In der Zukunft wird die Festlegung von Regeln zur zahlenmäßigen Bestimmung der Kornform (z. B. würfelig, splitterig, langsplitterig) zu betreiben sein. Einen bemerkenswerten Vorschlag hat Grengg in der Zeitschrift für Geschiebeforschung, 1927, Heft 1/2 vorgelegt. Weitere Erörterungen finden sich bei Otzen, Beton im Straßenbau, 1928, S. 18, sowie Zement 1929, S. 300, ferner bei Pöpel, Oberflächengröße und Kornzusammensetzung, Verlag W. Börner, Halle 1929.

Linie 7 der Abb. 27 zusammengesetzt und sachgemäß verarbeitet werden. Für die praktische Anwendung ist die geeignete Zusammensetzung in Abb. 25 gestrichelt eingetragen. (Vgl. auch später S. 114 u. f.)

Wie bei den Mörteln mit Flußsanden ist hervorzuheben, daß gröbere Körnungen zu vermeiden sind (vgl S. 28).

d) Versuche mit Sand aus poröser Basaltschlacke.

Die poröse Basaltschlacke (gebrochene Lavakrotzen) aus der Eifel[1] ist ein Material, das nach Gewicht und Festigkeit zwischen den dichten, zu Beton üblichen Gesteinen und dem Bims liegt. Abb. 40 zeigt Material-

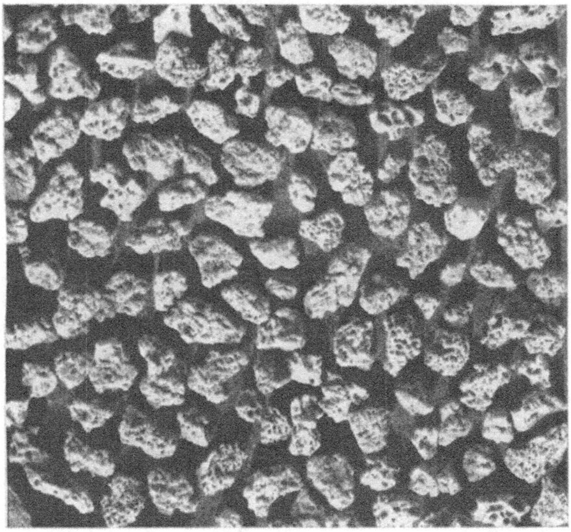

Abb. 40. Poröse Basaltschlacke, auch Lavaschlacke genannt, gebrochen. (Etwa $^8/_{10}$ nat. Größe.)

proben im Verwendungszustand. Stuttgarter Versuche lieferten für lufttrockenes Gestein mit dem Raumgewicht $r = 0{,}86$ kg/dm³ die Druckfestigkeit $K = 85$ kg/cm², bei $r = 1{,}40$ kg/dm³ $K = 179$ kg/cm².

Das Material erscheint geeignet, für große Wohnungsbauten genügende Festigkeit bei mäßigem Gewicht und ausreichendem Wärmeschutz zu liefern, um hinreichend raschen Baufortschritt zu ermöglichen.

Zunächst wurde ermittelt, daß die für Mörtel mit Flußsand als besonders geeignet erwiesene Körnung auch hier empfohlen werden kann.

Über die weiteren Feststellungen kann erst nach Abschluß der zur Zeit laufenden Arbeiten berichtet werden.

---

[1] Vgl. Clement, Baumarkt 1928, Heft 50 und 52, sowie 1929, Heft 1 und 2.

e) Versuche mit Bimssand.

Stuttgarter Versuche mit Material aus dem Neuwieder Becken, in mageren Mischungen verarbeitet, lassen erwarten, daß es auch für Bimsbeton wegen der Druckfestigkeit vorteilhaft erscheint, wenn die Körnung nach dem Linienzug *a b c d* in Abb. 25 gewählt wird, mit der unter *b*, S. 28 besprochenen praktischen Einschränkung.

Weiteres unter 5, S. 56 u. f.

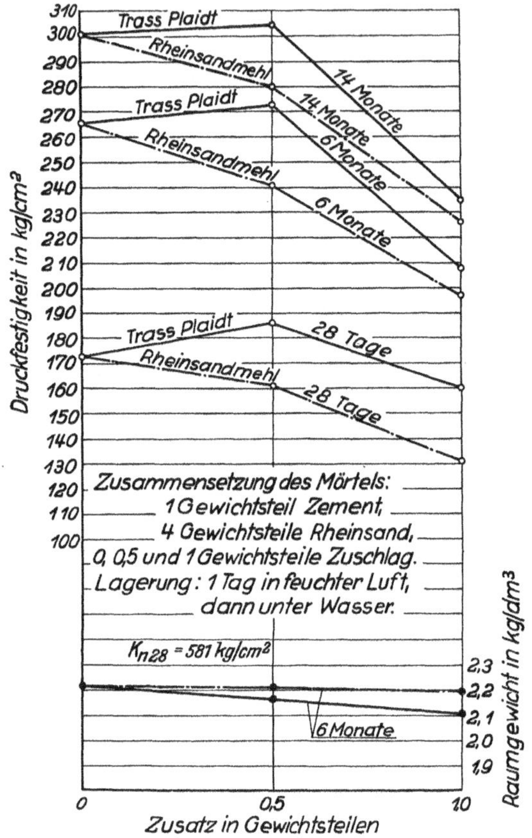

Abb. 41. Druckfestigkeit und Raumgewicht flüssig angemachter Mörtel. ohne und mit Zusätzen aus Steinmehlen von Plaidter Traß oder Rheinsand.

f) Einfluß der Menge und der Art der staubfeinen Bestandteile (Gesteinsmehle, auch Traß, Kieselgur, Glimmer, Kalk, Lehm, Ton auf die Druckfestigkeit der Zementmörtel).

Nach den unter 5b mitgeteilten Beobachtungen sollen vom Mörtel mit Flußsand etwa 25 vH durch das Sieb mit 0,2 mm Maschenweite fallen, wenn unter sonst gleichen Umständen besonders hohe Druckfestigkeit erlangt werden soll. Dementsprechend werden Mörtel, die dieser Forderung entsprechen, durch Zusatz von Steinmehl an Festigkeit einbüßen, wie dies z. B. für Mörtel nach Abb. 25 durch Abb. 41 mit Rheinsandmehl erkenntlich ist. Fehlen dem Mörtel feine Teile, so wird die Festigkeit durch Hinzufügen von Steinmehlen gesteigert, wie die Abb. 42 und 43 für Mörtel mit deutschem Normalsand und mit verschiedenen Mehlen nachweisen[1, 2].

[1] Mörtel mit deutschem Normalsand ist weit weniger dicht als Mörtel mit gemischtkörnigem Sand und deshalb zur Erkundung des Einflusses von Zusätzen nicht geeignet.

[2] Näheres vgl. Graf, Zement 1928, S. 432 u. f., sowie Heft 261 der Forschungsarbeiten auf dem Gebiete des Ingenieurwesens.

Die Steinmehle, welche nach ihrer Kornform den gewöhnlichen Quetschsanden nahestehen, erwiesen sich in ihrem Einfluß auf die Druckfestigkeit nicht wesentlich verschieden, wenn die Kornzusammensetzung der Mehle nicht erheblich abwich. Traßzusatz lieferte meist die größeren Festigkeiten, wenn die Erhärtung unter Wasser stattfand; doch war das Mehr nicht bedeutend, wie aus Abb. 41 und 43 hervorgeht. Die Wirkung des Trasses als Zusatz im Zementmörtel kann hiernach mit der Siebregel hinreichend beurteilt werden, wenn es sich um die Druckfestigkeit handelt. Diese Folgerung wird durch viele Versuche gestützt, aus denen noch die Beispiele in Zusammenstellung 6 entnommen sind[1].

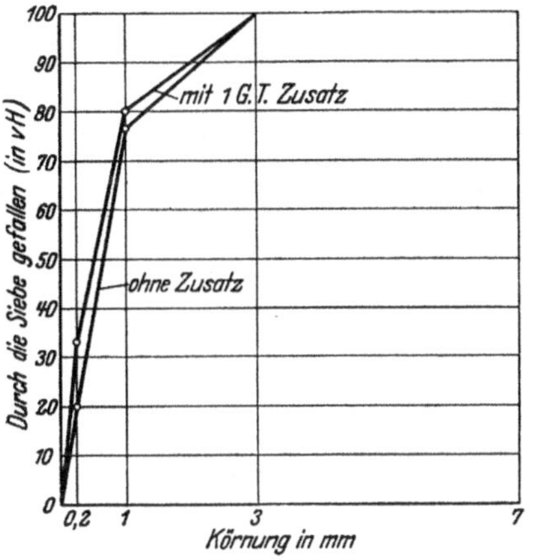

Abb. 42.

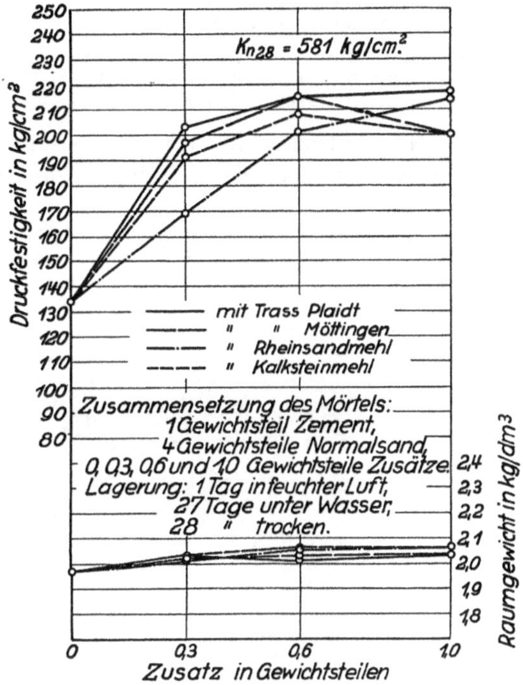

Abb. 43.

Abb. 42. Kornzusammensetzung der Mörtel der Gruppe III aus 1 G.T. Portlandzement und 4 G.T. Normalsand, ohne und mit Zusätzen aus Steinmehlen.

Abb. 43. Druckfestigkeit und Raumgewicht von Würfeln aus 1 G.T. Zement und 4 G.T. Normalsand, ohne und mit Zusätzen aus Steinmehl von Traß oder Rheinsand oder Kalkstein.

Bei der ersten Versuchsreihe ist der Anteil der feinen Teile durch den Traßzusatz über das Erforderliche erhöht worden; deshalb sank die Druckfestigkeit, als Traß beigegeben wurde. Bei der zweiten Reihe ist die Körnung durch den Traßzusatz verbessert worden; infolgedessen stieg die Druckfestigkeit.

Der Einfluß anderer Steinmehle, insbesondere solcher mit außergewöhnlicher Gestalt ist durch die Ergebnisse in Zusammenstellung 7 zu erläutern.

[1] Vgl. auch 2. Aufl., S. 32.

Zusammenstellung 6.
Weich angemachter Mörtel aus Portlandzement, Traßmehl (0 bis 1 mm) und Neckarsand (0 bis 7 mm).

Zusammensetzung in Gewichtsteilen	Von 100 g trockenem Mörtel fielen durch das Sieb mit 900 Maschen auf 1 cm²	1 mm Lochdurchmesser	3 mm Lochdurchmesser	7 mm Lochdurchmesser	Druckfestigkeit in kg/cm² für 42 Tage alte Würfel
1 Zement, 3 Sand	29,0	69,7	87,3	100	502
1 Zement, 0,3 Traß, 3 Sand	32,9	71,8	88,2	100	500
1 Zement, 0,6 Traß, 3 Sand	36,2	73,7	89,0	100	468
1 Zement, 6 Sand	18,9	65,4	85,5	100	172
1 Zement, 0,3 Traß, 6 Sand	21,6	66,8	86,1	100	237
1 Zement, 0,6 Traß, 6 Sand	24,1	68,1	86,7	100	253

Hier entfielen auf 1 Gewichtsteil Zement 4 Gewichtsteile Basaltquetschsand. Das Basaltmehl wurde durch verschiedene Steinmehle er-

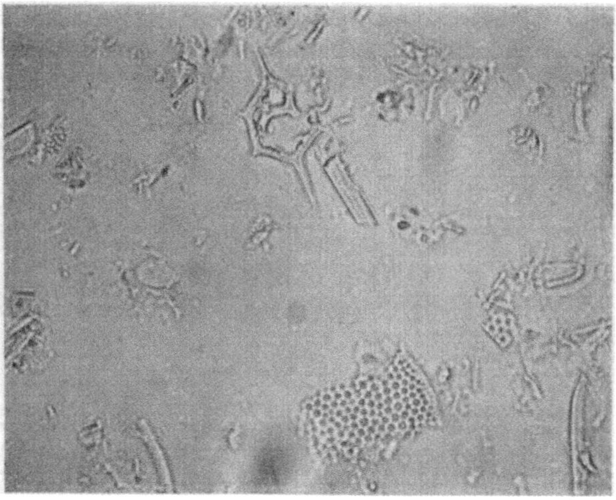

Abb. 44. Gestalt der Körnchen des Steinmehls „Celite".

setzt. Steinmehle der bisher verwendeten Art (Plaidter Traß) oder die diesen nahestehen (Schiefermehl, auch das hier nicht aufgeführte Ziegelmehl) haben die Druckfestigkeit nicht erheblich geändert (vgl. Spalten 8 und 11 der Zusammenstellung 7). Dagegen sind die Mörtel mit Kieselgur, mit dem das in Amerika gehandelte Celite übereinstimmt, beide aus wabenartigen Gebilden nach Abb. 44 bestehend, erheblich weniger widerstandsfähig geworden, als ohne diese Zusätze.

Noch größer wurde die Einbuße durch Glimmer, der bekanntlich aus dünnen, nachgiebigen Plättchen besteht. Der Mörtel, dessen Glimmergehalt 6 vH des Zementgehalts (das sind hier 1,5 vH des Sandgewichts) betrug, lieferte nur noch 59,5 vH der Druckfestigkeit des sonst gleichen Mörtels ohne Glimmer.

Zusammenstellung 7.

Mauergerecht angemachter Mörtel aus Basaltquetschsand und Steinmehlen mit guter Kornzusammensetzung.[1]

Lagerung: 1 Tag in feuchter Luft, 13 Tage im Wasser, 28 Tage an der Luft.

1	2	3		4	5	6	7	8	9	10	11	12
Versuchsreihe	Fremdes Steinmehl in vH des Zementgewichts	Vom Steinmehl fielen durch das Sieb mit 900 Maschen auf 1 cm² vH	Vom Steinmehl fielen durch das Sieb mit 4900 Maschen auf 1 cm² vH	Wasserzusatz in vH der lufttrockenen Materialien	Wert w[2]	Raumgewicht im Alter von 42 Tagen kg/dm³	Zugfestigkeit im Alter von 42 Tagen kg/cm²	Druckfestigkeit im Alter von 42 Tagen kg/cm²	Vergleichswerte (Versuchsergebnisse der Mörtel) 67 bzw. 79 ohne fremdes Steinmehl = 100 vH): Raumgewicht vH	Zugfestigkeit vH	Druckfestigkeit vH	Wasseranspruch des Steinmehls für Normalkonsistenz vH
						1. Reihe a.						
67	0			13,3	0,67	2,37	40,6	302	100,0	100,0	100,0	
68	3 vH Celite	99,0[3]	98,4[3]	14,2	0,71	2,32	36,7	287	97,9	90,4	95,0	192,5
69	6 vH „			15,4	0,77	2,29	32,4	250	96,6	79,8	82,8	
70	3 vH Schiefermehl	95,1	68,2	13,8	0,69	2,36	43,3	297	99,6	106,7	98,3	38,5
71	6 vH „			13,8	0,69	2,35	40,9	300	99,2	100,7	99,3	
72	3 vH Kieselgur	94,4[3]	93,4[3]	15,5	0,78	2,30	32,4	267	97,0	79,8	88,4	378,0
73	6 vH „			17,2	0,86	2,22	29,0	224	93,7	71,4	74,2	
76	3 vH Plaidter Traß	98,8	72,3	13,7	0,68	2,35	41,2	307	99,2	101,5	101,7	36,9
77	6 vH „ „			14,0	0,70	2,34	36,4	311	98,7	89,7	103,0	
78	0			13,7	0,68	2,37	40,4	308	100,0	99,5	102,0	
						2. Reihe b.						
79	0			14,6	0,73	2,33	30,1	264	100,0	100,0	100,0	
80	3 vH Glimmer	57,9	28,3	15,5	0,78	2,26	31,9	210	97,0	106,0	79,5	209,0
81	6 vH „			16,9	0,85	2,20	20,6	157	94,4	68,4	59,5	

[1] Näheres Zement 1928, S. 432 u. f.

[2] $w = \frac{\text{Wassergewicht}}{\text{Zementgewicht}}$.

[3] Auf nassem Wege getrennt.

Zusammenstellung 8.

1	2	3	4	5	6	7	8	9	10	11	12	13	14	15
Mischungsverhältnis[1]						Wassergehalt	Von 100 g trockenem Mörtel fielen durch das Sieb mit				Raumgewicht im Alter von		Druckfestigkeit[2] im Alter von	
in Raumteilen			in Gewichtsteilen				900 Maschen auf 1 cm²	1 mm	3 mm	7 mm	28 Tagen	6 Monaten	28 Tagen	6 Monaten
Zement	Kalk	Sand	Zement	Kalk	Sand			Lochdurchmesser						
						vH	vH	vH	vH	vH	g/cm³	g/cm³	kg/cm²	kg/cm²
a) mit Kalk „S“[3].														
1	—	8	1	—	13,16	11,2	25,0	61,2	82,4	100	1,95	1,95	15	15
1	0,5	8	1	0,43	13,10	11,6	27,1	62,4	82,9	100	1,98	1,96	23	19
1	1	8	1	0,87	13,08	12,2	29,1	63,4	83,4	100	1,98	1,99	24	22
1	2	8	1	1,73	13,10	12,8	32,5	65,4	84,4	100	1,96	1,95	22	15
1	3	8	1	2,59	13,06	14,0	35,6	67,2	85,2	100	1,95	1,92	22	14
b) mit Kalk „B“[3].														
1	0,5	8	1	0,34	13,06	11,6	26,3	62,1	82,7	100	1,95	1,95	15	16
1	1	8	1	0,68	13,00	12,1	27,6	62,9	83,2	100	1,96	1,96	16	15
1	2	8	1	1,36	13,03	12,7	29,8	64,5	84,0	100	1,95	1,95	17	16
1	3	8	1	1,98	12,99	13,8	31,6	65,7	84,5	100	1,94	1,93	13	12

[1] Die Siebprobe lieferte als Rückstand auf dem Sieb mit

vom	900 Maschen auf 1 cm²	1 mm	3 mm	7 mm
		Lochdurchmesser		
	vH	vH	vH	vH
Sand	80,6	41,8	18,9	0
Kalk „S“	6,9	0	—	—
Kalk „B“	21,5	1,3	—	—

[2] Mittelwerte aus je 4 Versuchen.

[3] Lagerung der Probekörper: 2 Tage in feuchter Luft, 1 Tag unter Wasser, dann an der Luft.

Im Ganzen zeigte es sich, daß die Mehle eine Festigkeitssteigerung bewirken, wenn sie einen dichteren Mörtel liefern. Sperrige Mehle sind weniger geeignet als Mehle aus einfachen Körnern, im Sinne dessen was über die Bedeutung der Kornform der Sande schon S. 31 u. f. zu bemerken war.

Auch der Zusatz an gebranntem Kalk[1] ist hinsichtlich seines Einflusses auf die Druckfestigkeit von Zementmörtel zunächst nach der Siebregel zu beurteilen, allerdings mit der Ergänzung, daß in diesem Falle der Höchstwert der Druckfestigkeit bei größerem Gehalt an feinen Teilen (z. B. bei etwa 28 bis 30 vH) auftritt, wohl weil der Kalk zur Festigkeitssteigerung bei mageren Mörteln als solcher noch etwas beitragen kann, also nicht bloß zur Verbesserung der Körnung des Mörtels dient. Zusammenstellung 8 enthält Beispiele aus eigenen Versuchen mit zwei Kalken (Wasserkalke), die das Gesagte ohne weiteres erläutern.

Viel besprochen und erörtert wird der Einfluß der Lehme und der Tone[2][3].

Durch Erfahrung und Versuch[4] ist schon oft festgestellt worden, daß Lehme und Tone, die in Sand, Kies, Schotter usw. enthalten sind, die Widerstandsfähigkeit von Beton erheblich beeinträchtigen können, namentlich wenn diese Stoffe in Knollen als Tonknollen oder als Knollen aus Sand und Ton vorkommen oder die Gesteinsteile fest haftend umhüllen. Anderseits ist bekannt, daß geringe Mengen Ton, als trockener Staub im Sand und Kies fein verteilt, nicht nachteilig sind[5], unter Umständen sogar erwünscht sind. Die folgenden Versuche sind durchgeführt, um den Einfluß der Menge verschiedener Lehme und Tone zu verfolgen[6].

---

[1] Gebrannter Kalk als Zusatz zum Zementmörtel dient in erster Linie zur Erlangung von Verputzmörteln und Mauermörteln; magere Zementmörtel werden damit geschmeidig.

[2] Als Lehm wird ein sehr magerer Ton oder ein stark toniger Feinsand bezeichnet, der aus der Verwitterung von feldspatreichen Eruptivgesteinen, von Tonschiefern, tonigen Sandsteinen, auch von mergeligen Kalken hervorgeht. Als Ton gelten die Rückstände der Verwitterung tonerdehaltiger Silikatgesteine; magere Tone haben größeren, fette kleineren Sandgehalt.

[3] Im vorliegenden Abschnitt ist lediglich der Einfluß auf die Druckfestigkeit erörtert. Oft sehr wichtig ist der Einfluß auf die Verarbeitbarkeit (bei Putzmörtel, Gußbeton usf.). Hierüber vgl. S. 133 u. f.

[4] Vgl. Grün, Zentralblatt der Bauverwaltung 1924, S. 4 u. f., Bach, Tonindustriezeitung 1926, S. 294 u. f., May, Das Rheinisch-Westfälische Baugewerbe, 1927, S. 86 u. f.

[5] Vgl. Bestimmungen des Deutschen Ausschusses für Eisenbeton (A), § 5, Anmerkung 7.

[6] Die Mittel zu diesen Versuchen verdankt der Verfasser Herrn Dr.-Ing. Schneider, Direktor der Excelsior Maschinenbau-Gesellschaft m. b. H. in Stuttgart. Auch die Zusendung der erforderlichen Sande, Lehme und Tone hat Herr Dr.-Ing. Schneider besorgt.

Die Versuche sind in 5 Gruppen nacheinander zur Ausführung gekommen.

Gruppe 1. Einfluß der Lehme aus Untertürkheim (*U*) und Erdmannhausen (*R*) auf die Druckfestigkeit von weich angemachten Mörteln aus 1 Gewichtsteil Portlandzement und 5 Gewichtsteilen Normalsand, wobei vom Normalsand 0 bzw. 3, bzw. 6 Gewichtsprozente durch Lehm ersetzt wurden. Lagerung: a) 1 Tag in feuchter Luft, 6 Tage unter Wasser 21 Tage an der Luft (kombinierte Lagerung); b) 1 Tag in feuchter Luft, 27 Tage unter Wasser (Wasserlagerung). Alter bei der Prüfung: 28 Tage.

Gruppe 2. Wie bei Gruppe 1, jedoch unter Verwendung von Neckarsand von Untertürkheim.

Gruppe 3. Wie bei Gruppe 1 und 2, jedoch mit Muschelkalkquetschsand von Erdmannhausen.

Konsistenz der Mörtel weich (noch stampffähig).

Gruppe 4. Bei denVersuchen in den Gruppen 1 bis 3 ist der Lehm zunächst lufttrocken beigemischt worden, außerdem zum Vergleich auch 24 Stunden vor der Verarbeitung mit dem Sand eingeweicht worden. Bei der Gruppe 4 lagerte das eingeweichte Gemisch aus Lehm und Sand länger und zwar

α) 45 Stunden,

β) 2 Wochen.

Der weich angemachte Mörtel bestand aus 1 Gewichtsteil hochwertigem Portlandzement und 5 Gewichtsteilen Rheinsand. Behandlung der Probekörper wie bei Ziffer 1. Alter bei der Prüfung: 28 Tage. Verwendet wurde hier nur Lehm *R*.

Gruppe 5. Einfluß von 6 verschiedenen Tonen auf die Druckfestigkeit von weich angemachten Mörteln aus 1 Gewichtsteil Portlandzement und 5 Gewichtsteilen Rheinsand. Das Gemisch von Sand und Ton wurde 2 Wochen vor der Verwendung eingeweicht. Lagerung: 1 Tag unter feuchten Tüchern, 27 Tage unter Wasser. Weitere Würfel sind, beginnend im Alter von 28 Tagen, 25maligem Gefrieren und Auftauen (letzteres unter Wasser) unterworfen worden. Nach der Gefrierprobe lagerten diese Körper wieder unter Wasser; die Prüfung erfolgte im Alter von 2 Monaten.

Zur Verfügung standen Portlandzement vom Zementwerk Nürtingen, Normalsand, wie er für die Zementprüfung verwendet wird, gewaschener Neckarsand aus der Kieswäsche der Stadt Stuttgart, gewaschener Quetschsand aus Muschelkalk von Erdmannhausen.

Die Sande fielen durch das Sieb mit 7 mm Lochdurchmesser.

Ferner wurden verwendet: Lehm *U* aus Untertürkheim, vom Auslauf einer Kieswäsche, Lehm *R* von Erdmannhausen aus einem Muschelkalkbruch, Ton *S* vom Ziegelwerk Schorndorf, Ton *K* (Kaolin) von den Freiherrlich Adolf von Schönbergschen Kaolinwerken in Hohburg-Wurzen, Ton *G* (bezeichnet Kaolin-Erde) aus Großdubrau von der Adolfshütte, Kaolin- und Chamottewerke A.-G. in Crosta-Adolfshütte, Ton *E* aus Eisenberg von den Pfälzischen Chamotte- und Tonwerken A.-G. in Grünstadt (Pfalz), Ton *M* aus Mühlacker von Gebr. Vetter in Mühlacker.

Zusammenstellung 9.

Kornzusammensetzung der verwendeten Lehme und Tone.

1	2	3	4	5	6
Zusatz	Es fielen durch das Sieb mit 10 000	4900	900 Maschen auf 1 cm²	1 mm Lochdurchmesser	Wasseranspruch für Normalkonsistenz
U	32,9	40,5	81,4	100 vH	26,0 vH
R	37,5	48,4	83,2	100 „	23,6 „
S	38,4	42,5	80,4	100 „	50,6 „
H	80,1	86,0	100	100 „	64,5 „
G	98,9	99,3	99,9	100 „	68,3 „
E	71,2	86,4	95,7	100 „	63,7 „
M	49,5	62,0	70,8	100 „	54,1 „

Alle Tone wurden dem Sand lufttrocken, also nicht künstlich getrocknet, beigemischt, um innige Vermischung zu erzielen, dann wie beschrieben behandelt.

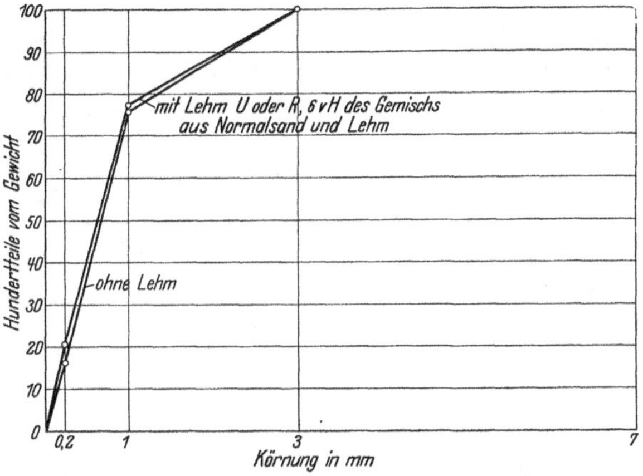

Abb. 45. Kornzusammensetzung der Mörtel der Gruppe 1 aus 1 G. T. hochwertigem Portlandzement *Nh*, und 5 G. T. Normalsand mit Lehm *U* oder *R*.

Die Kornzusammensetzung der Lehme und Tone ist zunächst aus Zusammenstellung 9 ersichtlich[1]. Weitere Aufschlüsse wurden mit dem Sedimentationsapparat nach Krauß gesucht, weil der Anteil der feinsten Teile der Tone hier wichtig erscheint[2].

[1] Einen gewissen Einblick in die Kornverteilung dürfte auch die Bestimmung der Menge des Anmachewassers geben, das zur Herstellung eines im Sinn der Zementprüfung normengemäßen Breis nötig ist (vgl. Spalte 6 der Zusammenstellung 9).

[2] Hierbei fand ich die liebenswürdige Unterstützung des Herrn Dr. Reihling, Vorstand der bodenkundlichen Abteilung der württembergischen forstlichen Versuchsanstalt.

Über die Kornzusammensetzung der Mörtel geben die Abb. 45 (Gruppe 1), 46 (Gruppe 2) und 47 (Gruppe 3) Auskunft. Abb. 45 zeigt, daß der Mörtel mit Normalsand weniger feine Teile enthielt als bei frühe-

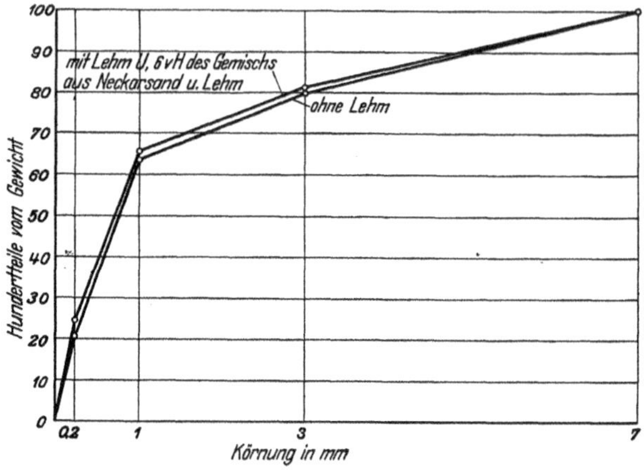

Abb. 46. Kornzusammensetzung der Mörtel der Gruppe 2 aus 1 G. T. hochwertigem Portlandzement *Nh* und 5 G.T. Neckarsand, ohne und mit Lehm *U*.

ren Versuchen für zweckmäßig gefunden wurde, nämlich nur 16,6 bis 20,7 vH gegenüber etwa 25 vH bei Mörteln dieser Art (körniger Sand bis 3 mm). Damit war an sich zu erwarten, daß in diesen Mörteln der Lehm zunächst eine Steigerung der Festigkeit bewirkt.

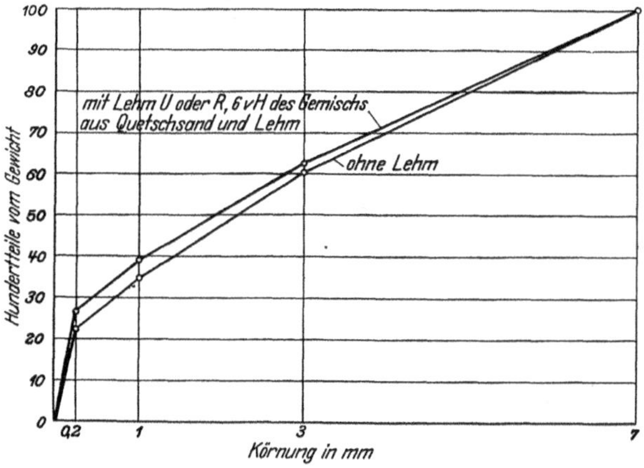

Abb. 47. Kornzusammensetzung der Mörtel der Gruppe 3 aus 1 G.T hochwertigen Portlandzement *Nh*, 5 G.T. gewaschenen Muschelkalkquetschsand, ohne oder mit Lehm *U* oder *R*.

Auch die Mörtel nach Abb. 46 besaßen ohne Lehm zu wenig feine Teile, nämlich 20,9 vH gegenüber 25 vH für zweckmäßig zusammengesetzte Mörtel aus Rheinsand mit Körnern bis 7 mm. Der Gehalt an Körnern, die durch das Sieb mit 1 mm Lochdurchmesser fielen, war reichlich.

Ähnliches gilt für die Quetschsandmörtel nach Abb. 47, weil vom zweckmäßig zusammengesetzten Quetschsandmörtel etwa 35 vH durch das Sieb mit 0,2 mm Maschenweite fallen sollen.

Dabei ist die Konsistenz nur in den einzelnen Gruppen gleich gewählt. Der Mörtel mit Neckarsand war weicher als die Mörtel mit Normalsand und mit Quetschsand.

Die Ergebnisse der Druckversuche finden sich in Abbild. 48, 49, 51 u. 55.

In den Mörteln mit Normalsand (Gruppe 1) haben die Lehme *U* und *R* eine erhebliche Erhöhung der Druckfestigkeit bewirkt. Die Druckfestigkeit stieg von 90 kg/cm² (ohne Lehm) auf 140 kg/cm² (mit 6 vH Lehm). Auch die Mörtel mit Neckarsand und Quetschsand lieferten mit Lehm höhere Festigkeit als ohne Lehm, jedoch wurde der Einfluß verhältnismäßig kleiner; in zwei Fällen hat der Mörtel mit 6 vH Lehm kleinere Festigkeiten erlangt als mit 3 vH Lehm. Bei Verwendung von Gemischen aus Sand und Lehm, die 24 Stunden vor der Verarbeitung eingeweicht waren, ergaben sich meist höhere Festigkeiten als nach trockener Zumischung des Lehms.

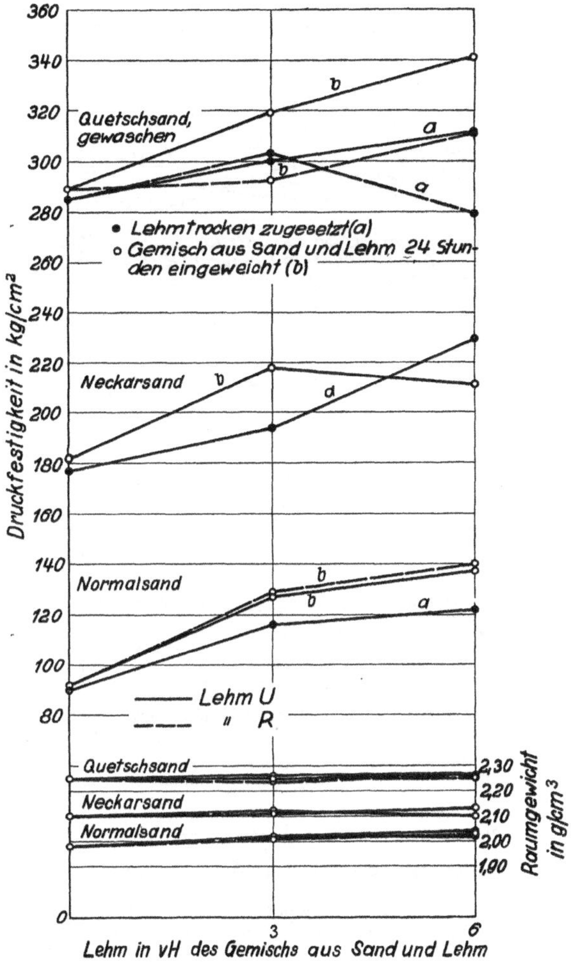

Abb. 48. Druckfestigkeit und Raumgewicht von Würfeln aus weich angemachten Mörteln von 1 G. T. hochwertigem Portlandzement *Nh* und 5 G. T. Sand (3 Sande, ohne und mit Lehm *U* oder *R*). Alter: 28 Tage. Lagerung: 1 Tag in feuchter Luft, 6 Tage im Wasser, 21 Tage in der Luft.

In Abb. 50 ist die Kornzusammensetzung der Mörtel der Gruppe 4 dargestellt. Der Gehalt an Teilen, die durch das Sieb mit 0,2 mm Maschenweite fielen, war ohne Lehm *R* bereits etwas größer (29,9 vH) als für gute Mörtel aus Rheinsand erwünscht (25 vH), so daß durch den Lehmzusatz keine Verbesserung der Kornzusammensetzung in bezug auf die Menge der Teile von 0 bis 0,2 mm zu erwarten stand, es sei denn, daß die Stufung der Körner verbessert werde. Der Lehmzusatz wurde bis 12 vH des Gemischs aus Sand und Lehm erhöht (bei den Gruppen 1 bis 3 betrug das Höchstmaß 6 vH). Eine erhebliche Veränderung der Kornzusammensetzung des Mörtels war damit nicht verbunden.

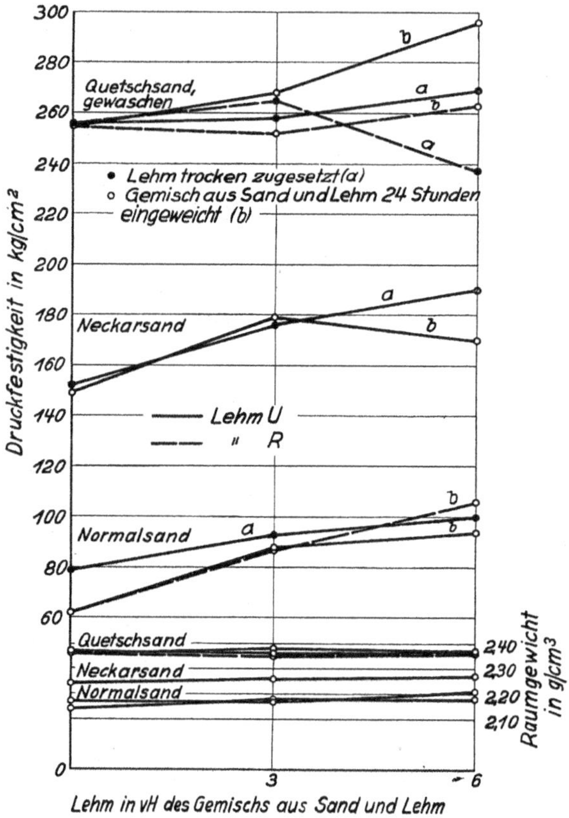

Abb. 49. Druckfestigkeit und Raumgewicht von Würfeln aus weich angemachten Mörteln von 1 G. T. hochwertigem Portlandzement *Nh* und 5 G. T. Sand (3 Sande, ohne und mit Lehm *U* oder *R*). Alter: 28 Tage. Lagerung: 1 Tag in feuchter Luft, 27 Tage unter Wasser.

Die Raumgewichte und die Druckfestigkeiten der weich angemachten Mörtel finden sich in Abb. 51. Hier zeigte sich der Einfluß des Lehms innerhalb der gewählten Grenzen unerheblich, sowohl bei Mörteln, denen der Lehm trocken zugemischt war, als auch bei Mörteln, zu denen das Gemisch von Sand und Lehm zunächst 13 Tage eingeweicht war. Der Einfluß des Lehms *R* auf die Körnung des Mörtels war eben auch nicht bedeutend, wahrscheinlich sogar verbessernd durch eine geeignete Stufung der feinen Teile.

Abb. 52 zeigt die Kornzusammensetzung der Mörtel von Gruppe 5 ohne und mit 15 vH des feinsten Tons. Die Menge der Teile, die vom

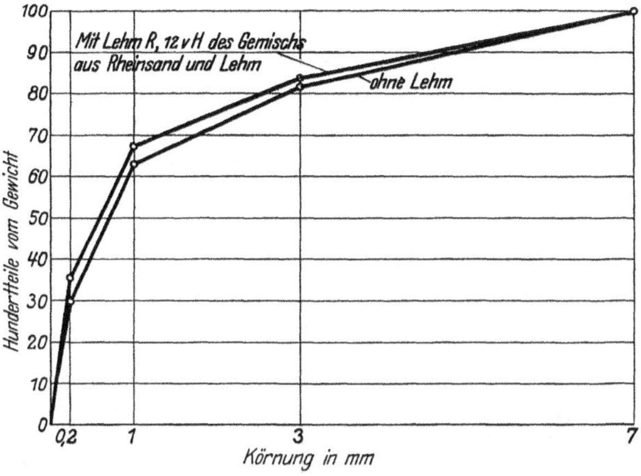

Abb. 50. Kornzusammensetzung des Mörtels der Gruppe 4 aus 1 G.T. hochwertigem Portlandzement *Nh*, 5 G.T. Rheinsand, ohne und mit Lehm *R*.

Mörtel ohne Ton durch das Sieb mit 0,2 mm Maschenweite fielen, ist etwas größer als erforderlich, liegt aber noch in den Grenzen, die für gute Mörtel zulässig sind[1].

Die Tone *S*, *H*, *G*, *E* und *M* unterscheiden sich von den bisher besprochenen Zusätzen durch weit größere Feinheit, wie zum Teil aus Zusammenstellung 9 hervorgeht, sowie durch größere Bildsamkeit, wie Abb. 53 erkennen läßt. Abb. 53 zeigt Walzen von rund 10 mm ursprünglichem Durchmesser, die aus den Lehmen und Tonen geknetet und dann um Dorne von 20 mm Durchmesser gebogen worden sind. Die Lehme *U* und *R* brachen ohne ausgeprägte Formänderung; die Probe *G* zeigte nach geringer Biegung Anrisse; die Probe *H* ertrug weitergehende Formänderung,

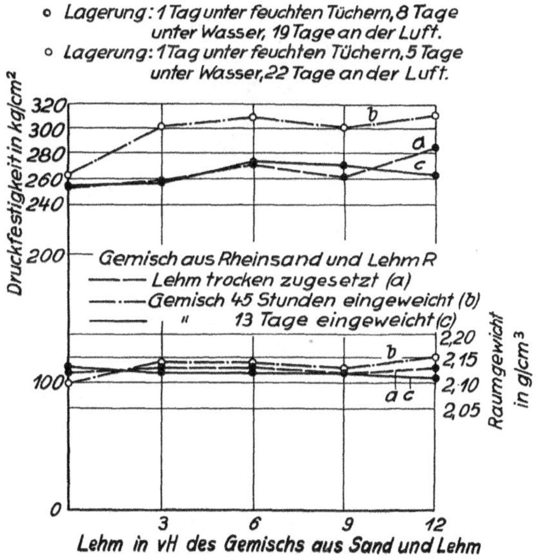

Abb. 51. Druckfestigkeit und Raumgewicht von 28 Tage alten Würfeln der Gruppe 4 aus 1 G.T. hochwertigem Portlandzement *Nh* und 5 G.T. Rheinsand, ohne und mit Lehm *R*. Mörtel weich angemacht.

[1] Vgl. später S. 119.

bis Anrisse zu sehen waren (Probe *G* ist trotz der Anrisse weitergebogen worden; bei der Probe *H* wurde das Biegen nach dem Eintritt

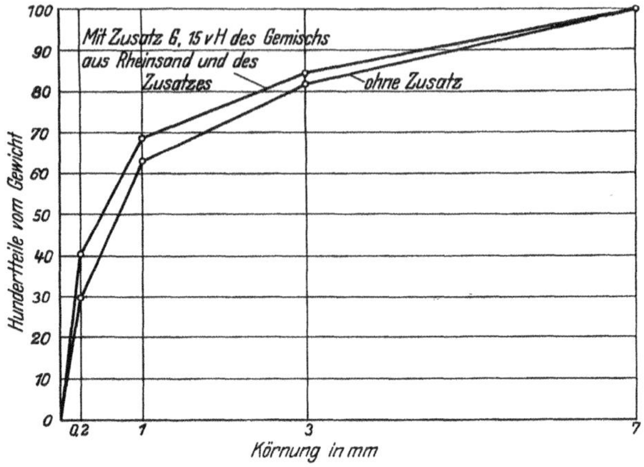

Abb. 52. Kornzusammensetzung des Mörtels der Gruppe 5 aus 1 G.T. Portlandzement *Ng*, 5 G.T. Rheinsand, ohne und mit 15 vH Ton G.

der Risse sofort unterbrochen); die Proben *M*, *E* und *S* blieben beim Biegen über den 20-mm-Dorn ohne Anrisse. Die Tone *M* und *E* konnten

Tone *G*, *H*, *M*

Tone *E*, *S*

Lehme *U*, *R*

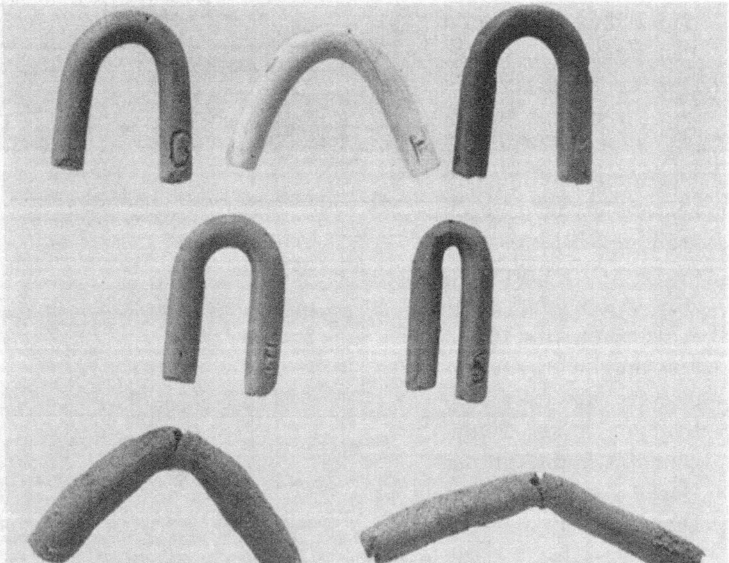

Abb. 53. Ton- und Lehmwalzen nach der Biegeprobe.

noch über den 15-mm-Dorn gebogen werden, Ton *S* sogar über den 5-mm-Dorn.

Abb. 54 enthält die Angaben über die Wasserzusätze bei gleicher Konsistenz. Der Durchmesser des Mörtelkuchens bei der Ausbreitprobe

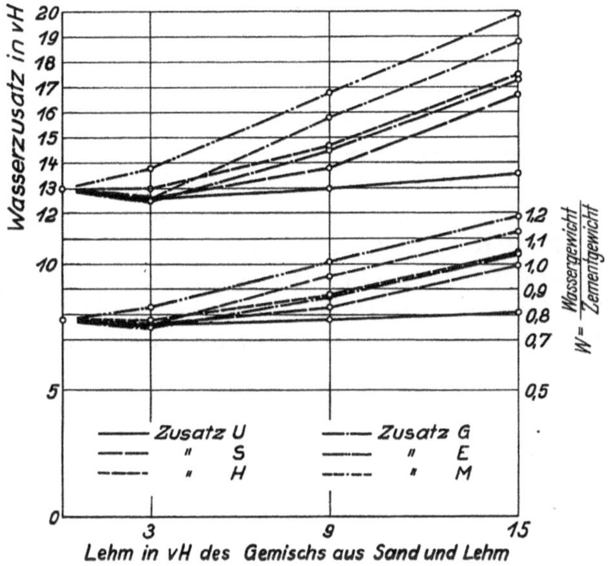

Abb. 54. Wasserzusatz und Wert w bei Mörteln gleicher Konsistenz aus 1 G.T. Portlandzement *Ng* und 5 G.T. Rheinsand, mit und ohne Ton.

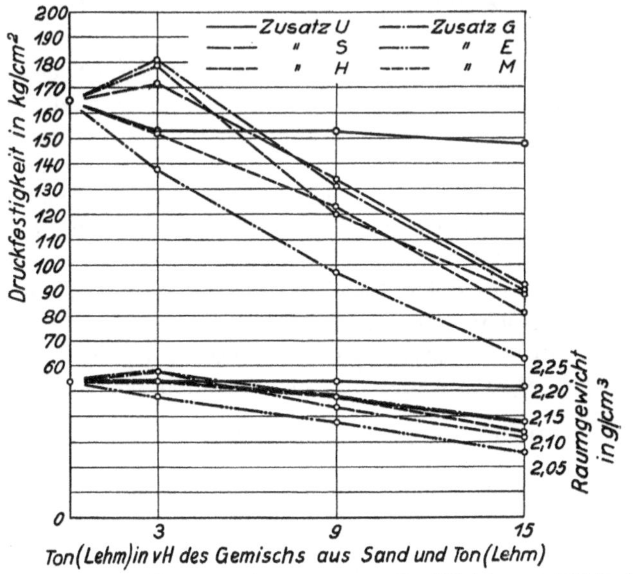

Abb. 55. Druckfestigkeit und Raumgewicht von 28 Tage alten Würfeln aus 1 G.T. Portlandzement *Ng* und 5 G.T. Rheinsand, ohne und mit Ton. Gemisch aus Sand und Ton, vor der Verarbeitung 2 Wochen eingeweicht. Lagerung: 1 Tag unter feuchten Tüchern, 27 Tage unter Wasser.

betrug 14 cm[1]. Abb. 54 zeigt, daß der Wasserbedarf der Mörtel durch die Tone bedeutend gesteigert worden ist. Diese Einwirkung war zu erwarten, da die Tone zur Herrichtung sogenannter normengemäßer Konsistenz bedeutende Wassermengen fordern, z. B. Ton *G* rund 68 vH des Trockengewichts.

Über das Raumgewicht und die Druckfestigkeit der Mörtel gibt Abb. 55 Auskunft. Der Lehm *U* hat wie früher keinen erheblichen Einfluß gehabt. Dagegen wurde mit den übrigen Zusätzen bei Steigerung des Tongehalts über 3 vH, in zwei Fällen schon mit 3 vH eine deutliche Abnahme der Druckfestigkeit ermittelt, die bei Vermehrung des Tongehalts auf 15 vH recht bedeutend wurde. Mit 15 vH Ton *E* fiel die Druckfestigkeit auf nahezu $^1/_3$ der Druckfestigkeit der Mörtel ohne Ton.

Zusammenfassend dürfte zu bemerken sein, daß fein verteilte Tone schon in Mengen von etwa 3 vH des Sandgewichts eine Verringerung der Druckfestigkeit bringen können, so daß ein Tongehalt über etwa 2 vH des Sandgewichts bei wichtigen Bauwerken zu vermeiden wäre. Fein verteilte, lose Lehme können in größerer Menge vorhanden sein, weil diese eben nur zu einem größeren — selbstverständlich von Fall zu Fall verschiedenen — Teil aus Feinsand bestehen[2,3].

5. Einfluß der Kornzusammensetzung, der Gestalt, der Oberflächenbeschaffenheit und der Menge, sowie der Festigkeit der groben Zuschläge auf die Druckfestigkeit des Betons.

Durch die S. 4 u. f. besprochenen Feststellungen ist bekannt, daß im allgemeinen die Mörtelfestigkeit für die Betonfestigkeit maßgebend wird, wenn zum Mörtel alle Gesteinsteile gezählt werden, die durch das Sieb mit 7 mm Lochdurchmesser fallen. Es ist deshalb angezeigt, mit Kies oder Schotter das Gestein zu benennen, das auf dem Sieb mit 7 mm Lochdurchmesser liegen bleibt. Bei der Verarbeitung des Betons, also des Gemenges aus Mörtel und Kies, bzw. Schotter, fand sich, daß es nötig ist, mindestens so viel Mörtel vorzusehen, daß die Hohlräume des möglichst dicht geschichteten groben Materials mit Mörtel gefüllt sind und alle Kies- bzw. Schotterstücke eben noch im Mörtel allseitig eingebettet liegen, etwa wie dies in Abb. 56 und 57 zu ersehen ist.

---

[1] Ermittelt mit dem kleinen Rütteltisch, vgl. Tonindustrie-Zeitung 1927, S. 1565.

[2] Hier genügt für die Regel die Beurteilung der Körnung des Mörtels nach der Siebregel. Vgl. auch 2. Aufl., S. 32, Zusammenstellung 9.

[3] Nach Fertigstellung der vorliegenden Darlegungen hat mir R. Feret seine im Jahr 1926 erschienene Arbeit „Additions de matières pulvérulentes aux liants hydrauliques" übersandt (Sonderdruck aus der Zeitschrift Revue des materiaux de construction et de travaux publics, Paris 1926).

Um die unteren Grenzen des Mörtelbedarfs zu erkunden, ist zunächst diejenige Zusammensetzung der groben Zuschläge zu suchen, welche am dichtesten fällt, also am wenigsten Hohlräume aufweist.

Hierzu zeigt Abb. 60 für Kies und Schotter mit den in Abb. 58 und 59 angegebenen Kornzusammensetzungen, daß die Mischungen *h* und *i*,

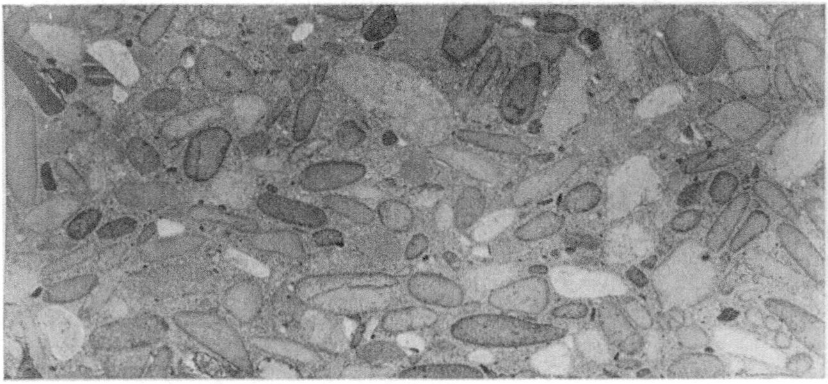

Abb. 56.

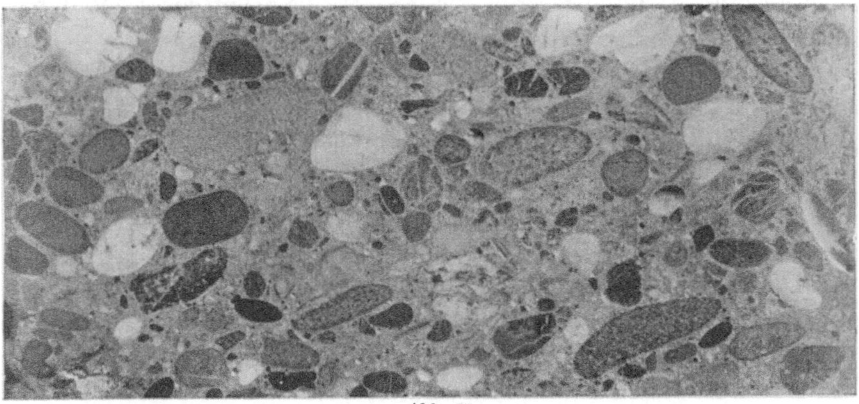

Abb. 57.

Abb. 56 und 57. Beton mit flachem, glattem Kies (oben) und rauhem Rollkies (unten), 45 vH Mörtelgehalt.

sowie *m*, *n* und *o*, bei loser Schüttung das geringste Maß an Hohlräumen aufwiesen. Es dürfte sich hiernach empfehlen, für ähnliche Stoffe die Sieblinie der Kornzusammensetzung der groben Zuschläge zwischen der Geraden *o* und dem Linienzug *h* zu wählen. Allerdings ist das Weniger der Hohlräume gegenüber den übrigen in Abb. 58 und 59 angegebenen Mischungen nicht so bedeutend, daß für die Bestellung außer der unteren und oberen Begrenzung der Korngrößen allgemein besondere Maßnahmen zu erwägen wären; nur bei sehr großen Bauten wird die beschriebene

Feststellung zu beachten sein. Wichtiger ist, daß die Hohlräume in den Schotterschüttungen erheblich größer sind als in den Kiesschüttungen. Z. B. betrug der Anteil der Hohlräume der lose eingefüllten Mischung *i*

mit Rheinkies rund 38 vH,
,, Basaltschotter 47 ,, .

Sollen die Hohlräume der losen Schüttung mit Mörtel gefüllt werden, so muß — gleiches spezifisches Gewicht des Mörtels und der groben Teile

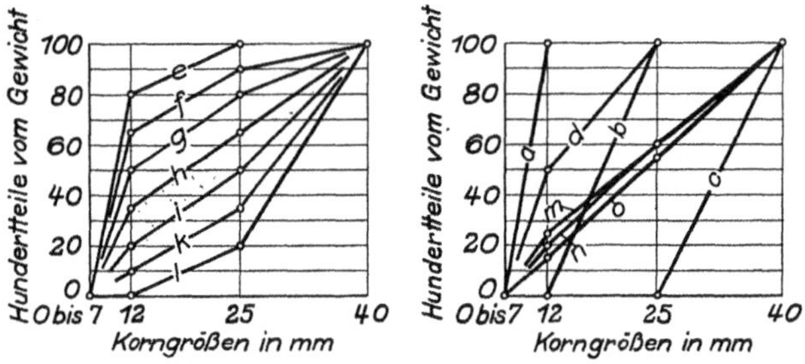

Abb. 58. Abb. 59.
Abb. 58 und 59. Kornzusammensetzungen von Schotter- und Kies zu Abb. 60.

vorausgesetzt — bei Rheinkies über 38 vH Mörtel, bei Schotterbeton über 47 vH Mörtel zugegeben werden. Da die Schüttung schon durch

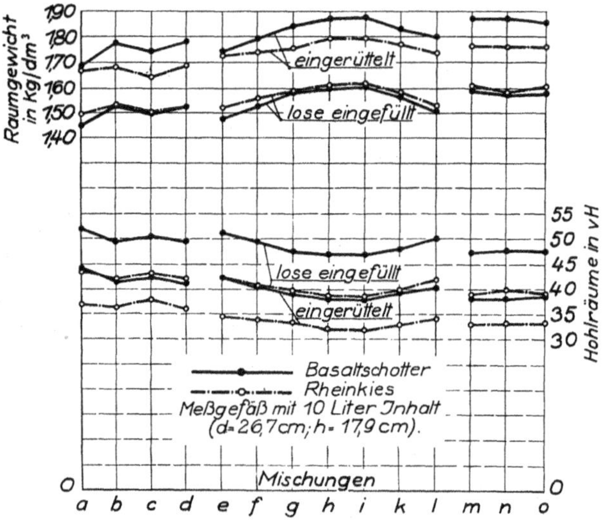

Abb. 60. Raumgewichte und Hohlräume von Basaltschotter und Rheinkies (Kornzusammensetzung nach Abb. 58 und 59).

leichtes Rütteln erheblich dichter wird, so sind bei der Verarbeitung des Betons weniger Hohlräume zu füllen. So läßt sich mit Rheinkies noch Beton mit 35 vH Mörtel herstellen[1]. Bei Zementwaren kann so verfahren

[1] Vier Gewichtsteile des trockenen Betons.

werden, wenn für besonders gute Verdichtung durch Stampfen, Pressen usf. gesorgt ist. Bei Bauausführungen darf diese untere Grenze des Mörtelgehalts nicht gewählt werden; erfahrungsgemäß sind für Bauteile aus Kiesbeton mindestens 40 bis 45 vH Mörtel erforderlich, im Schotterbeton bei Verwendung von Flußsandmörtel in der Regel mindestens 45 bis 50 vH Mörtel; mit Quetschsandmörtel werden mindestens 50 vH Mörtel nötig.

In bezug auf den Einfluß der Kornzusammensetzung der groben Zuschläge auf die Druckfestigkeit ist im Einklang mit dem bereits Gesagten zu bemerken, daß diese unter den üblichen Verhältnissen von geringer Bedeutung erscheint.

Diese Feststellungen gelten für Zuschläge bis 30 oder 40 mm Körnung. Bei feineren Zuschlägen ist eine etwas größere Mörtelmenge vorzusehen; bei gröberen, gleichmäßig gestuften Zuschlägen aus Rollkies kann die Mörtelmenge etwas kleiner werden, weil die Hohlräume der gröberen Zuschläge in solchen Fällen kleiner werden, allerdings nicht bei allen Vorkommen. Z. B. fand sich das Raumgewicht

bei den Körnungen	$^7/_{25}$	$^7/_{50}$ mm	
mit Kies aus Biberach (Moränekies) zu	1,52	1,52 kg/dm³;	

bei den Körnungen	$^7/_{12}$	$^7/_{25}$	$^7/_{40}$	$^7/_{60}$	$^7/_{120}$ mm	
mit Kies aus Tuttlingen (flaches Geschiebe) zu	—	1,46	1,46	—	— kg/dm³,	
mit Kies aus Marstetten (runder Moränekies) zu	1,55	1,63	1,66	1,68	1,75 kg/dm³.	

Damit fanden sich die Hohlräume im Marstetter Kies

$^7/_{12}$	$^7/_{25}$	$^7/_{40}$	$^7/_{60}$	$^7/_{120}$ mm
zu 42	39	38	38	35 vH.

Wichtig ist auch hier die Oberflächenbeschaffenheit und die Gestalt der Zuschläge. Rauhe, splitterige Zuschläge erfordern mehr Mörtel als glatte, rundliche; der Mörtel muß bei den rauhen, splitterigen Stoffen wasserreicher gewählt werden, also größeren Wasserzementfaktor haben, um bei gleichem Zementaufwand die gleiche Verarbeitbarkeit zu erlangen wie mit gutem Kies. Unter solchen Umständen kann deshalb der Kiesbeton die größeren Druckfestigkeiten liefern. Bei gleichem Mörtel und mit gleichem Mörtelgehalt wird bei gleichem Ausbreitmaß mit Schotter nach Art der in Abb. 61 links dargestellten Proben in der Regel höhere Druckfestigkeit erreicht als mit Kies. Diese Überlegenheit tritt ausgeprägt auf, wenn der Anteil der groben Zuschläge groß gewählt wird[1].

Bei flachem, glattem Kies, Abb. 61 unten rechts, ist erschwerend, daß sich die Kiesstücke im Beton vorwiegend flach legen, wie Abb. 56 erkennen läßt. Wenn die Füllung der Hohlräume des Betons und die Einbettung der Eiseneinlagen zuverlässig erfolgen soll, muß der Beton mit solchem Kies etwas mehr Mörtel enthalten als Beton mit Rollkies.

[1] Vgl. Graf, Zement 1928, S. 1531.

Diese Beobachtungen stützen wieder die S. 20 u. f. vertretene Auffassung, wonach der Anteil der groben Zuschläge im Beton nicht allgemein, sondern von Fall zu Fall festzulegen ist.

In bezug auf die Veränderlichkeit der Druckfestigkeit mit dem Anteil der groben Zuschläge unter Beibehaltung des Mischungsverhältnisses des Mörtels ist bereits S. 4 u. f. das Wichtigste gesagt worden[1]. Unter praktischen Verhältnissen ist zu beachten, daß mit Zunahme des Anteils der groben Stücke der Wassergehalt des Mörtels

Abb. 61.

erhöht werden muß, wenn die Verarbeitbarkeit (Konsistenz) des Betons gleichbleiben soll. Der Unterschied wird bei Schotterbeton größer als bei Kiesbeton. Damit sinkt die Mörtelfestigkeit, infolgedessen auch die Betonfestigkeit. Der Rückgang der Festigkeit entspricht der Zunahme der Verhältniszahl w (Wasserzementfaktor) derart, daß das Maß des Rückgangs zunächst aus dem Vergleich von $\frac{1}{w^2}$ zu schätzen ist. Z. B. fand sich für weich angemachten Mörtel bzw. Beton

aus 1 G.T. Zement S und 2 G.T. Rheinsand
$w = 0{,}45$, $K = 322$ kg/cm^2,

aus 1 G.T. Zement S, 2 G.T. Rheinsand, 1 G.T. Rheinkies
$w = 0{,}51$, $K = 277$ kg/cm^2,

aus 1 G.T. Zement, 2 G.T. Rheinsand, 2 G.T. Rheinkies
$w = 0{,}56$, $K = 225$ kg/cm^2.

Die Werte K verhalten sich wie

$$322 : 277 : 225 = 1 : 0{,}86 : 0{,}70$$

[1] Vgl. auch Zusammenstellung 2, S. 4.

und die Werte $\frac{1}{w^2}$ wie

$$4{,}9 : 3{,}8 : 3{,}2 = 1 : 0{,}78 : 0{,}65.$$

Ferner wurde für weich angemachten Beton aus Zement S, Rheinsand und Kalksteinschotter folgendes gefunden:

1 G.T. Zement, 2 Sand $w = 0{,}45$, $K = 322$ kg/cm²,
1 G.T. Zement, 2 Sand, 1 Schotter $w = 0{,}51$, $K = 288$ kg/cm²,
1 G.T. Zement, 2 Sand, 3 Schotter $w = 0{,}76$, $K = 146$ kg/cm².

Die Verhältniszahlen der Werte K betragen

$$322 : 288 : 146 = 1 : 0{,}89 : 0{,}45$$

und diejenigen der Werte $\frac{1}{w_2}$

$$4{,}9 : 3{,}8 : 1{,}7 = 1 : 0{,}78 : 0{,}35.$$

Die Verhältniszahlen $\frac{1}{w_2}$ sind etwas kleiner als die Verhältniszahlen der Druckfestigkeiten, d. h. die Druckfestigkeit des Betons ist mit Zunahme des Anteils der groben Zuschläge etwas größer als nach der Größe des Wasserzementfaktors zu erwarten stand. Man kann demnach in Gl. 2 einen Faktor anbringen, welcher den Gehalt an groben Zuschlägen berücksichtigt.

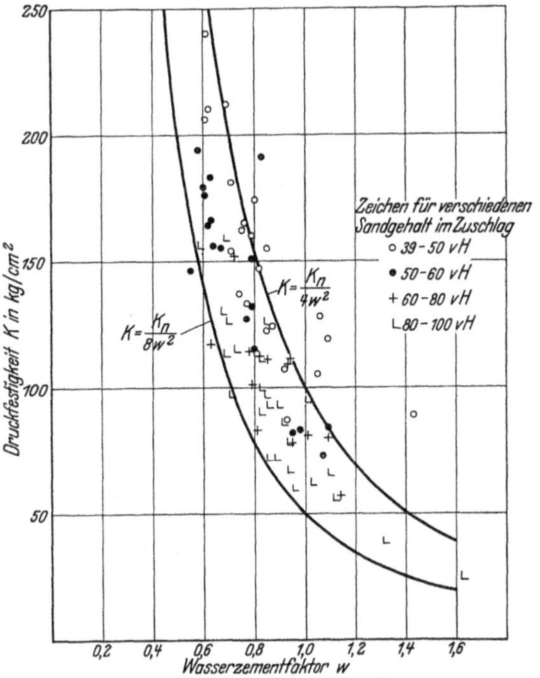

Abb. 62. Abhängigkeit der Druckfestigkeit K von Betonwürfeln mit 20 cm Kantenlänge von der Zusammensetzung des Zementbreis bei verschiedenem Mörtelgehalt des Betons. Alter: 28 Tage. Lagerung: 7 Tage unter feuchten Tüchern, 21 Tage an der Luft.

Der soeben beschriebene Einfluß der Menge der groben Zuschläge tritt auch in Abb. 62 auf. Die Druckfestigkeiten sind bei gleichem Wasserzementfaktor für die Mischungen mit dem kleineren Mörtelgehalt, also mit dem größeren Kiesgehalt im allgemeinen größer ausgefallen[1].

[1] Diesen Einfluß hat zuerst Cantz näher verfolgt (Dissertation Stuttgart 1929). Weitere Feststellungen sind im Gang.

Der Einfluß der groben Zuschläge, wie er bis jetzt geschildert ist, gilt im wesentlichen für Beton, der über 100 kg/cm² Druckfestigkeit aufweist. Bei Beton geringerer Festigkeit treten die groben Zuschläge in höherem Maße festigkeitssteigernd auf, um so deutlicher, je geringer die Betonfestigkeit ist[1].

Der Einfluß der Festigkeit des Gesteins der groben Zuschläge ist noch nicht systematisch verfolgt. Mit Rheinkies (aus der Strecke von Basel bis Mannheim) ließen sich Feinbetonmischungen herstellen, die Druckfestigkeiten bis 1200 kg/cm² erreichten[2]; mit gröberen Zuschlägen gleicher Art sind in Stuttgart mit Würfeln von 20 cm Kantenlänge Druckfestigkeiten bis 730 kg/cm² gefunden worden, ohne daß damit die Grenze des praktisch Möglichen erreicht schien. Jedenfalls können mit den üblichen Betonstoffen Festigkeiten geschaffen werden, die über das zur Zeit Nutzbare hinausgehen dürften. Es ist überdies die Möglichkeit erkennbar, daß hochwertiger Beton für weitergehende Ansprüche in beliebigem Ausmaß hergestellt werden kann.

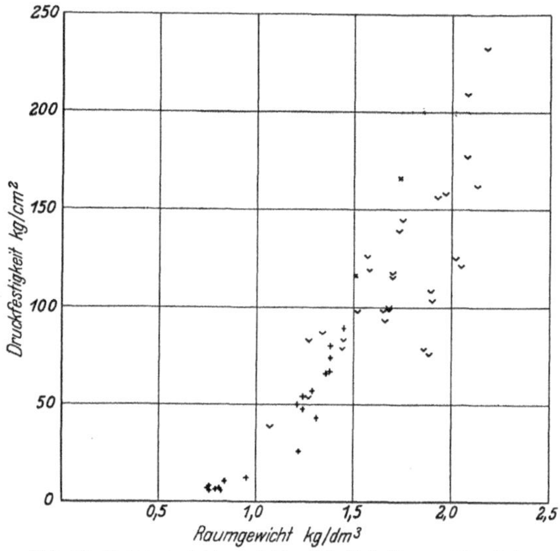

Abb. 63. Raumgewicht und Druckfestigkeit von Bimsbeton.

Für weniger hohe Ansprüche, vor allem für gering beanspruchten Beton dürfte es wohl immer möglich sein, Gestein mit hinreichender Druckfestigkeit zu finden. Wenn dabei eine Grenze maßgebend sein soll, so dürfte die Forderung angängig sein, Gestein mit einer Mindestdruckfestigkeit von 500 kg/cm² zu wählen[3].

Soll Beton mit geringer Wärmedurchlässigkeit hergestellt werden, z. B. für Wohnungsbauten, so ist Beton mit viel Porenraum, also Leicht-

[1] Vgl. u. a. den Schaukasten in Abb. 159, unten rechts.

[2] In Rüdersdorf sind mit außerordentlichen Zuschlagstoffen (spez. Gewicht 3,78) an 28 Tage alten Würfeln Druckfestigkeiten bis 1361 kg/cm² festgestellt worden (vgl. Knüttel, Die Thyssen-Zemente, Kalkberge (Mark), 1928, S. 89 u.f.).

[3] Nicht selten wird auch die Witterungsbeständigkeit des Gesteins in Betracht kommen.

beton erforderlich (Beton aus poröser Basaltschlacke, Bimsbeton, Gasbeton usf.)[1]. Ergebnisse von Druckversuchen, welche die Beziehung zwischen Raumgewicht und Druckfestigkeit ungefähr erkennen lassen, sind in Abb. 63 wiedergegeben[2]. Weitere Feststellungen sind eingeleitet.

6. Raumgewicht, Hohlräume und Druckfestigkeit von Zementmörtel und Beton. Beurteilung von Sand, Kies und Schotter nach Raumgewicht und Hohlräumen.

Bei Beurteilung der zweckmäßigen oder unzweckmäßigen Zusammensetzung des Zementmörtels oder Betons werden seit langer Zeit auf verschiedene Weise das Raumgewicht und die Hohlräume des Mörtels oder Betons herangezogen. Im folgenden sind Beobachtungen mitgeteilt, welche bei Ermittlung der Hohlräume und bei der Beurteilung des Mörtels und Betons auf Grund solcher Feststellungen Beachtung finden müssen.

a) Einfluß des Zements auf das Raumgewicht des Zementmörtels.

Zusammenstellung 3 (S. 9) enthält unter a) die Ergebnisse von Zementmörtel aus 1 Gewichtsteil Zement und 4 Gewichtsteilen Beihinger Sand (Neckarsand) von 0 bis 7 mm Korngröße und zwar unter Verwendung von 4 verschiedenen Zementen bei 4 verschiedenen Wasserzusätzen. Die Mörtel hatten mit den 4 Zementen bei gleichen Wasserzusätzen gleiche Konsistenz, soweit dies durch Augenschein usf. beim Mischen und Verarbeiten beurteilt werden konnte. Die Werte der Druckfestigkeit schwanken zwischen 90 und 547 kg/cm², also in weiten Grenzen.

Lehrreich ist es nun, die Raumgewichte zu verfolgen, die für die in Zusammenstellung 3 angegebenen Mörtel bei Verwendung der 4 verschiedenen Zemente am Prüfungstag festgestellt wurden. In Abb. 64 sind die Raumgewichte als wagrechte Abszissen zu den Werten der Druckfestigkeit als senkrechten Ordinaten aufgetragen. Deutlich erhellt, daß bei allen 4 Zementen die Druckfestigkeit des Mörtels um so größer ausgefallen ist, je höher das Raumgewicht des Mörtels war. Weiter zeigt Abb. 64, daß die für die 3 Portlandzemente festgestellten Werte nahe dem gestrichelten Linienzug liegen, also der Gesetzmäßigkeit folgen, welche durch diesen Linienzug dargestellt wird.

[1] Vgl. u. a. Mitteilungen Nr. 26 der Reichsforschungsgesellschaft für die Wirtschaftlichkeit im Bau- und Wohnungswesen, 1929.

[2] Stuttgarter Versuche, darunter solche für den Deutschen Betonverein. Zu letzteren vgl. Bericht über die XV. Hauptversammlung des Deutschen Betonvereins 1912, S. 78.

Diese Feststellung gab Veranlassung, die Ergebnisse der Druckproben aus unseren Zementprüfungen in Beziehung zum Raumgewicht zeichnerisch darzustellen (Mörtel aus 1 Gewichtsteil Zement und 3 Gewichtsteilen Normalsand; Wasserzusatz gemäß den deutschen Normen für einheitliche Lieferung und Prüfung von Portlandzement; Lagerung: 1 Tag in feuchter Luft, 6 Tage in Wasser, 21 Tage in der Luft). Abb. 65 enthält die Ergebnisse. Auch hier zeigt sich eine deutlich ausgeprägte Abhängigkeit der Druckfestigkeit vom Raumgewicht des Mörtels, und zwar bei Verwendung verschiedener Zemente unter sonst gleichen Bedingungen[1].

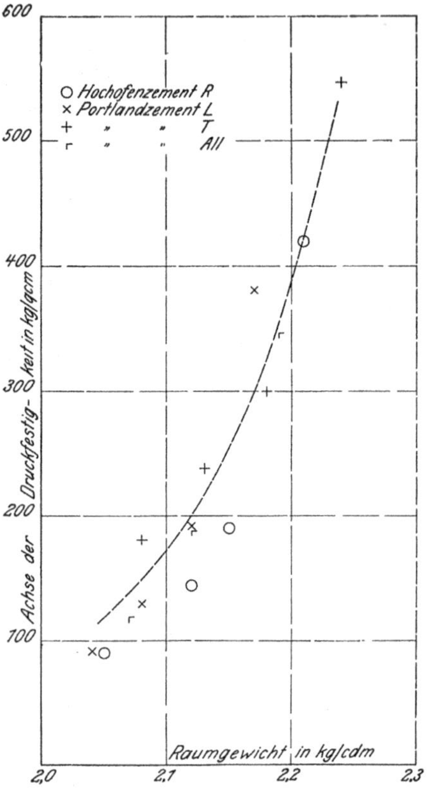

Abb. 64. Druckfestigkeit und Raumgewicht der Zementmörtel in Zusammenstellung 3, Seite 9.

Die Abb. 64 und 65 deuten an, daß Zemente, welche höhere Druckfestigkeit liefern, unter sonst gleichen Verhältnissen im allgemeinen Mörtel mit größerem Raumgewicht, also dichtere Mörtel ergeben; es dürften hier mechanische Eigenschaften, vor allem die Kornstufung[2] des Zements beteiligt sein, welche beim Einstampfen mit dem gleichen Arbeitsaufwand bei den Zementen, welche im allgemeinen die höhere Druckfestigkeit liefern, eine dichtere Lagerung des Mörtels ermöglichen.

b) Einfluß des Wassergehalts auf das Raumgewicht des Zementmörtels und des Betons. Einfluß der Verarbeitung auf das Raumgewicht des Mörtels und des Betons.

Zusammenstellung 3 zeigt, daß das Raumgewicht r des erhärteten Zementmörtels, ausgehend vom Raumgewicht eines sorgfältig hergestellten Würfels aus reichlich erdfeucht angemachtem Mörtel, mit Zu-

[1] Die Konsistenz des Mörtels, welche als wesentliche Bedingung für den Vergleich zu beachten ist, wurde nach den deutschen Normen bestimmt.

[2] Vgl. auch Kühl, Zement 1929, S. 324 u. f., ferner Graf, Zement 1930, S. 48.

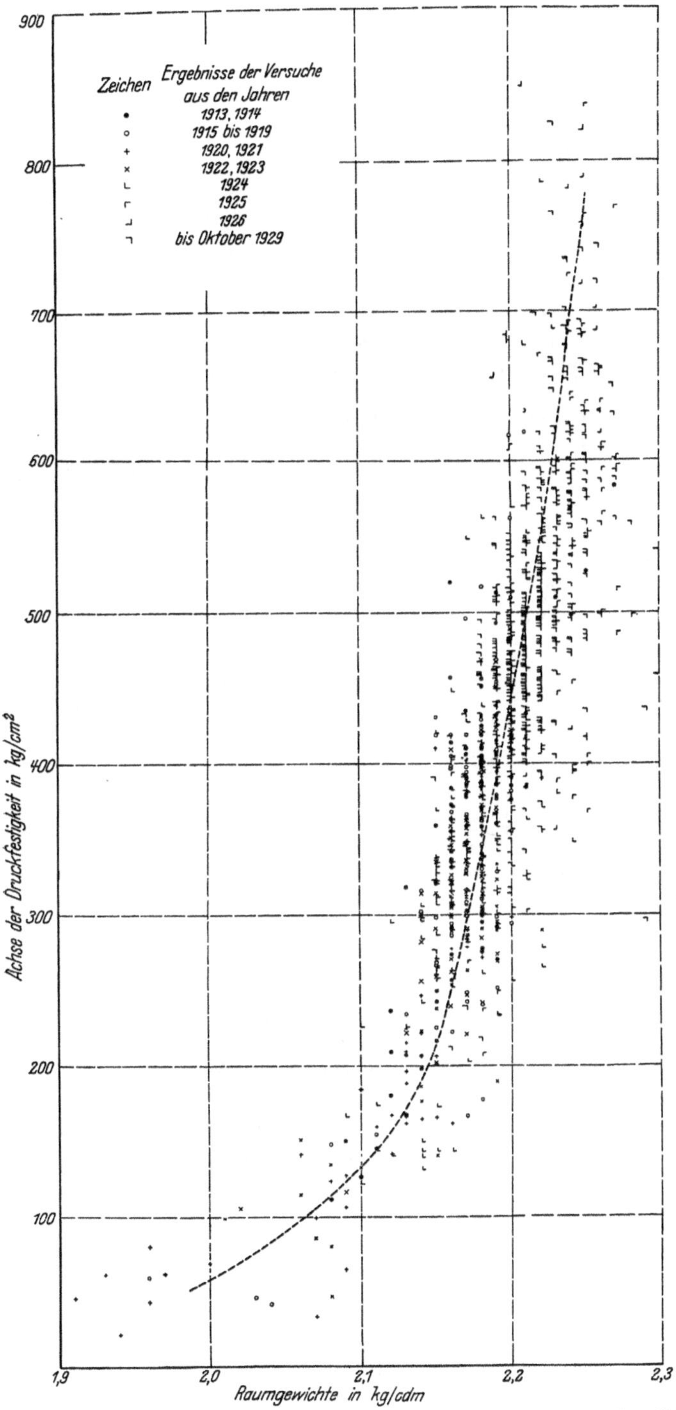

Abb. 65. Druckfestigkeit und Raumgewicht von normengemäß hergestellten Mörtelkörpern (1 G.T. Zement und 3 G.T. Normalsand).

nahme des Wassergehalts abnimmt. Z. B. betrug beim Mörtel aus 1 Gewichtsteil Zement „R" und 4 Gewichtsteilen Beihinger Sand

mit	7,2 vH	Wasser	(erdfeucht)	$r=2{,}21$,
„	10	„ „		$r=2{,}15$,
„	12	„ „		$r=2{,}12$,
„	14	„ „	(nahezu gießfähig)	$r=2{,}05$.

Bei Beton war das Raumgewicht weniger veränderlich, wie auch die Überlegung erwarten läßt (Einfluß der groben Teile; Abfluß des überschüssigen Wassers bei großen Betonkörpern mehr gehindert als bei kleinen Mörtelwürfeln usf.). Für Beton aus 1 Raumteil Zement, 2 Raumteilen Rheinsand und 3 Raumteilen Rheinkies fand sich[1]

mit	5 vH	Wasserzusatz	(zu wenig Wasser	$r=2{,}31$,
„	6 „	„	(erdfeuchter Beton)	$r=2{,}37$,
„	7 „	„	(etwas mehr als erdfeuchter Stampfbeton)	$r=2{,}38$,
„	9 „	„		$r=2{,}36$,
„	11 „	„		$r=2{,}33$,
„	12 „	„	(flüssiger Beton)	$r=2{,}31$.

Auch die Art der Verarbeitung (Art der Mischung, Erschütterungen beim Transport des unverarbeiteten Betons, Höhe der Stampfschichten, Stampfarbeit, Erschütterungen während der Herstellung, Belastungen während der Erhärtung usf.[1]) nimmt Einfluß auf das Raumgewicht, wie allgemein bekannt.

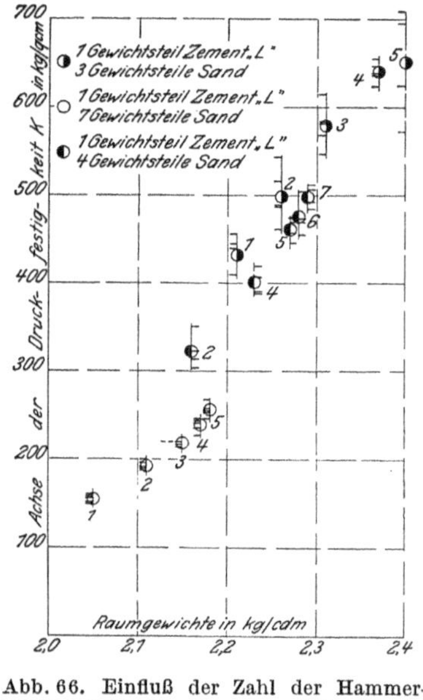

Abb. 66. Einfluß der Zahl der Hammerschläge beim Einrammen auf das Raumgewicht und auf die Druckfestigkeit von Zementmörtel.

Als anschauliches Beispiel über die Wirkung von Maßnahmen zur Verdichtung von Zementmörtel seien hier folgende Versuche mitgeteilt.

Aus erdfeucht angemachtem Mörtel von Portlandzement „L" und Beihinger Sand (0 bis 7 mm) wurden Würfel mit 7 cm Kantenlänge hergestellt und zwar in den 3 Mischungen 1 : 3, 1 : 4 und 1 : 7 (Gewichtsteile). Von der ersten und letzten Mischung sind je 5 Würfel

1.	mit	50	Schlägen,
2.	„	150	„ ,
3.	„	300	„ ,
4.	„	600	„ ,
5.	„	1200	„

[1] Vgl. Graf, Die Druckfestigkeit von Zementmörtel, Beton, Eisenbeton und Mauerwerk. Stuttgart, Verlag Konrad Wittwer, S. 11 u. 12.

im Hammerapparat verdichtet worden; von der Mischung 1 : 4 gelangten je 3 Würfel zu den Reihen 2, 4 und 5, sowie je 3 Würfel

6. mit 2400 Schlägen,
7. „ 3600 „

zur Herstellung. Die Ergebnisse finden sich in Abb. 66 zeichnerisch dargestellt, wobei die Schlagzahl durch die beigeschriebenen Ziffern 1 bis 7, wie soeben erläutert, zu unterscheiden ist.

Der Einfluß der Schlagzahl auf das Raumgewicht und die Druckfestigkeit tritt scharf ausgeprägt zutage. Abb. 66 bringt die Beziehungen zwischen Raumgewicht und Druckfestigkeit deutlich zum Ausdruck. Zur Beurteilung der Ergebnisse ist hervorzuheben, daß aus dem Mörtel beim Einschlagen mit fortschreitender Verdichtung Wasser ausgepreßt wurde, so daß der im Mörtel zurückbleibende Zementbrei wasserärmer wurde, was u. a. bei Heranziehung der Gleichung (2) S. 13 zu beachten wäre.

c) Der Einfluß der Zusammensetzung des Sands auf das Raumgewicht des Zementmörtels. Bestimmung der Hohlräume im Zementmörtel. Beziehungen zwischen der Größe der Hohlräume und der Druckfestigkeit. Vorausbestimmung der Druckfestigkeit nach Feret und nach Talbot.

Zahlreiche Beobachtungen zeigen, daß Sande, welche die höhere Druckfestigkeit lieferten, im allgemeinen auch ein höheres Raumgewicht des Probekörpers ergaben, gleiches Steinmaterial vorausgesetzt.

Dazu läßt Abb. 67 (oben) noch entnehmen, daß die früher als besonders gut empfohlenen Mörtel 5 und 6 mit (Rheinsand und mit doppelt gebrochenem Basaltsand), vgl. Abb. 27, die größten Raumgewichte der erhärteten Proben lieferten.

Aus solchen Feststellungen ergibt sich, daß die Hohlräume des Mörtels und des Betons in Beziehung zur Druckfestigkeit stehen müssen.

Zur Bestimmung der Hohlräume im Zementmörtel sollten bekannt sein.

α) das Raumgewicht und das spezifische Gewicht der Sandkörner, Kiesel oder Schotterstücke (die Hohlräume im Innern der einzelnen Sandkörner, Kiesel usf. werden nicht als Hohlräume des Zementmörtels, um die es sich hier handelt, angesehen),

β) das Raumgewicht des Zements (auch des Zementbreis und des erhärteten Zements) im Zementmörtel und Beton,

γ) der Gehalt des Probekörpers an freiem Wasser in dem der Untersuchung zugrunde gelegten Zustand, wobei das porenfüllende Wasser von dem Wasser zu trennen ist, welches Zement, Sand usf. mitgebracht und welches sie aufgesaugt haben,

δ) der Anteil des Zements, Sands usf. am Gewicht des Probekörpers.

Die Bestimmung der Hohlräume kann am erhärteten Beton oder am frischen Beton versucht werden.

Um ein Urteil für die hier zu betrachtenden Verhältnisse zu gewinnen, seien Versuche mit erhärtetem Mörtel aus Portlandzement „L" und Normalsand bei drei verschiedenen Wasserzusätzen besprochen.

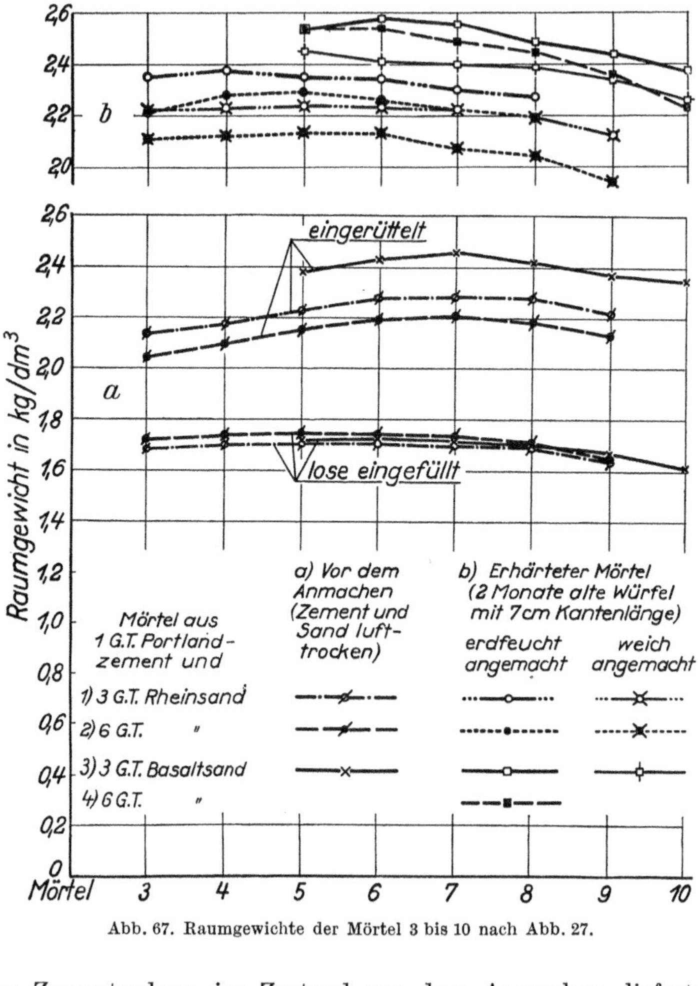

Abb. 67. Raumgewichte der Mörtel 3 bis 10 nach Abb. 27.

Das Zementpulver, im Zustand vor dem Anmachen, lieferte das spezifische Gewicht zu 3,1 g/cm³. Zementbrei aus 100 g Zement und 26 g Wasser, während eines Tages in feuchter Luft, dann unter Wasser erhärtet, nach 5 Monaten zu Pulver gestoßen und an der Luft getrocknet, ergab das spezifische Gewicht zu 2,67 g/cm³.

Das spezifische Gewicht des Normalsandes ist zu 2,64 g/cm³ ermittelt worden. Die Wasseraufnahme von 100 g künstlich getrocknetem Sand war während 5stündiger Lagerung in feuchter Luft geringer als 0,1 g.

Die Verfolgung des Gewichts von 6 Würfeln aus 1 Gewichtsteil Zement „L“ und 3 Gewichtsteilen Normalsand ergab

bei den Würfeln		a	b	c	d	e	f
mit		7,5		8,3 (nach den Zementnormen)		10,4 vH Wasserzusatz	
und dem Rauminhalt	J =	351,9	355,5	353,0	356,2	354,4	358,8 cm³
Gewicht unmittelbar nach der Herstellung	G_1 =	775,0	783,1	775,7	782,5	748,5	764,0 g;
24 Stunden später (nach Lagerung in feuchter Luft)	G_2 =	774,0	782,8	774,5	780,0	745,0	759,0 g;
nach darauffolgender Wasserlagerung während 6 Tagen . . .	G_3 =	781,5	789,5	781,5	787,5	751,5	766,5 g;
Zunahme seit der Herstellung	$G_3 - G_1$ =	6,5	6,4	5,8	5,0	3,0	2,5 g;
Gewicht nach folgender Trocknung bei 90° C	G_4 =	737,2	744,3	734,3	740,4	691,4	707,7 g;
nach anschließender Wasserlagerung während 23 Tagen . .	G_5 =	784,8	792,4	783,6	792,0	752,3	767,0 g;
sodann in einem geschlossenen Zylinder mit 6 bis 8 at Wasserdruck (Wasserleitungsdruck) während 24 Stunden	G_6 =	809,2	816,7	808,1	815,6	782,9	795,6 g;
nach weiteren 24 Stunden (im Druckwasser)	G_7 =	811,9	820,4	810,6	816,7	783,4	— g;
nach insgesamt 20 Tagen	G_8 =	813,7	822,0	811,9	818,6	784,7	799,2 g;
Zunahme des Gewichts durch die Wasserlagerung unter Druck	$G_8 - G_4$ =	76,5	77,7	77,6	78,2	93,3	91,5 g.

Weiter ist festgestellt worden, daß vom frisch angemachten Mörtel, auf einer Glasplatte flach ausgebreitet, hergestellt aus 1 Gewichtsteil Zement, 3 Gewichtsteilen Normalsand und 8,3 vH Wasser, in der Zeit, welche zur Herstellung der Würfel nötig ist, etwa 5 vH des Anmachwassers verdunstet sind.

Werden zunächst die Hohlräume bestimmt, welche Luft und Wasser in den frisch hergestellten Würfeln einnehmen, unter Einführung des spezifischen Gewichts 2,64 für den Sand und 3,1 für den Zement, sowie unter der Annahme, daß 5 vH des Anmachwassers bei der Herstellung der Würfel verdunstet sind, so finden sich

bei den Würfeln	a	b	c	d	e	f
	25,4	25,3	26,2	26,2	30,6	30,0 vH Hohlräume.

Wenn für das spezifische Gewicht des erhärteten Zements 2,67 eingesetzt wird, so ergeben sich unter Zugrundelegung des Gewichts der künstlich getrockneten Würfel

20,9	20,9	21,4	21,5	26,3	25,5 vH	Hohlräume.

Die Zunahme des Gewichts nach der Trocknung infolge Wasserlagerung und allseitigem Wasserdruck mit stark schwankender Pressung betrug

76,5	77,7	77,6	78,2	93,3	91,5 g,

entsprechend

21,7	21,9	22,0	22,0	26,3	25,5 vH

des Volumens der Würfel.

Die letztere Bestimmung dürfte zwar die gesamten Hohlräume nicht erfassen; das gewählte Verfahren führt aber andererseits dem Zement und unter Umständen auch dem Sand Wasser zu, das von diesen aufgesaugt wird, also nicht zur Füllung der Mörtelhohlräume dient, um die es sich hier handelt.

Überblickt man die auf verschiedenen Wegen bestimmte Größe der Hohlräume der erhärteten Würfel, so zeigen sich Unterschiede, welche die Anwendung der Ergebnisse erschweren. Die Messungen sind überdies recht umständlich.

Besser und in praktischen Verhältnissen durchführbar sind Feststellungen am frischen Mörtel und Beton. Diesen Weg hat wohl zuerst Feret beschritten[1]; er ist zu folgenden Schlußfolgerungen gelangt.

Bei Körpern gleichen Alters, unter gleichen Verhältnissen erhärtet, hergestellt mit dem gleichen Zement mit reinen Sanden verschiedener Art und Körnung, auch mit verschiedenen Mischungsverhältnissen, ergab sich die Druckfestigkeit ungefähr proportional dem Faktor

$$\left(\frac{c}{1-s}\right)^2, \quad \text{bzw.} \quad \left(\frac{c}{1-(s+p)}\right)^2,$$

worin c das absolute Volumen des Zements,
s das absolute Volumen des Sandes,
p das absolute Volumen der Steine
in der Einheit des Volumens des frischen Mörtels bzw. Betons angibt.

Zur Berechnung der Druckfestigkeit ergibt sich somit innerhalb der angegebenen Grenzen eine Konstante, welche naturgemäß für verschiedene Bindemittel verschieden ausfällt.

Soweit die bisher in Stuttgart gemachten Feststellungen ausreichen, ist das Verfahren von Feret praktisch nicht einfacher und auch nicht bestimmter, als das vom Verfasser geübte (Beurteilung nach der Siebprobe und nach dem Wasserzementfaktor). Doch werden zur Klarstellung

[1] Annales des ponts et chaussées, 7. Serie, Band 12, 1896, 2. Semester, S. 174 u. f., ferner Étude expérimentale du ciment armé, Paris 1906, S. 491 u. f.

weitere Untersuchungen stattfinden[1]. Später gab Feret wiederholt zusammenfassende Darstellungen[2].

Die Untersuchungen von Feret sind durch Talbot[3], später durch Talbot und Richart[4] erweitert worden.

Für einen bestimmten Zementgehalt des fertig verarbeiteten Betons fand sich mit Sand verschiedener Körnung und Zusammensetzung sowie verschiedenem Wasserzusatz unter sonst gleichen Verhältnissen Zunahme der Druckfestigkeit des Betons mit Abnahme der Hohlräume im Beton, wobei die Hohlräume als der Anteil des Volumens des Wassers und der Luft im frisch hergestellten Betonkörper angesehen sind. Abb. 68 bis 70 zeigen die Gesetzmäßigkeiten, welche Talbot für die Beziehungen

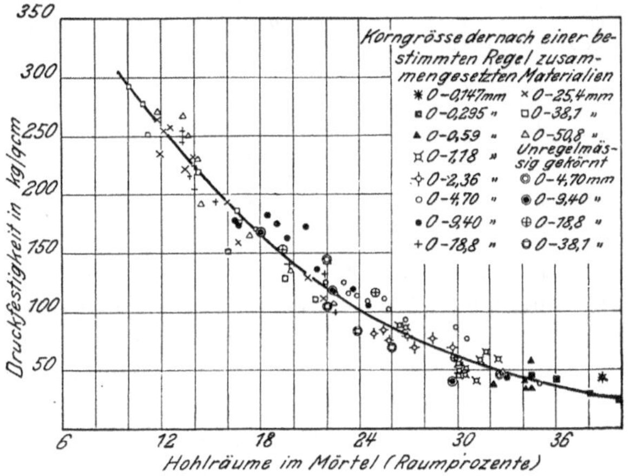

Abb. 68. Abhängigkeit der Druckfestigkeit des Betons von der Größe seiner Hohlräume nach Versuchen von Talbot.

zwischen der Größe der Hohlräume v, dem Zementvolumen c und der Druckfestigkeit gefunden hat. Dabei sind verschiedene Korngrößen be-

[1] Beiträge zur Beurteilung der Abweichungen zwischen den Versuchswerten und den Rechnungswerten nach Feret lieferten Ros (XIV. Jahresbericht des Vereins schweizerischer Zement-, Kalk- und Gipsfabrikanten 1924), Stadelmann (Gußbeton, Erfahrungen beim schweizerischen Talsperrenbau, Zürich 1925, S. 144 u. f.), sowie insbesondere Bolomey (Schweiz. Bauzeitung 1926, Bd. 88, Juli 1926). Über die letztgenannte Arbeit s. S. 69.

[2] Tonindustriezeitung 1927, S. 1241 u. f.

[3] Engineering News-Record 1921, Band 87, S. 147 u. f.; American Society for Testing Materials 1921, Proportioning Concrete by voids in the mortar. A proposed method of estimating the density and strength of concrete and of proportioning the materials by the experimental and analytical consideration of the voids in mortar and concrete.

[4] Talbot u. Richart, The strength of concrete, its relation to the Cement Aggregates and Water. Bulletin 137 der Engineering Experiment Station der University of Illinois, 1923.

nutzt worden. Das Mischungsverhältnis (Raumteile) betrug 1 Teil Zement zu 5 Teilen Sand und Kies.

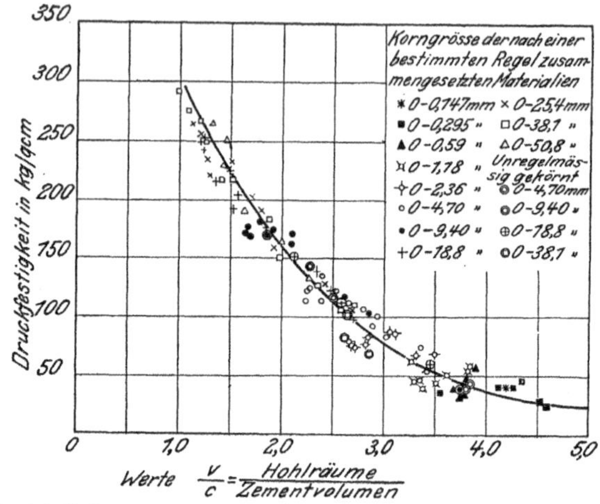

Abb. 69. Abhängigkeit der Druckfestigkeit des Betons von der Größe seiner Hohlräume nach Versuchen von Talbot.

Talbot verfolgte dann weiter die Bedingungen, welche bei gegebenem Sand die Größe der Hohlräume beeinflussen, sowie den Einfluß der Körnung auf die Größe der Hohlräume. Abb. 71 zeigt die Abhängigkeit der Größe der Hohlräume des Mörtels mit verschiedenem Sand bei verschiedenem Wassergehalt und zwar bei einem Verhältnis des absoluten Volumens a des Sandes zum absoluten Volumen c des Zements $a : c = 2$. Aus Abb. 72 erhellt, daß gröbere Sande weniger Hohlräume lieferten, wie schon gezeigt. Der Wasserzusatz, welcher die geringsten Hohlräume lieferte, ist als „basic content“ bezeichnet und gleich 1 gesetzt; die in der Praxis üblichen Wasserzusätze würden das 1,1 bis 1,4fache betragen.

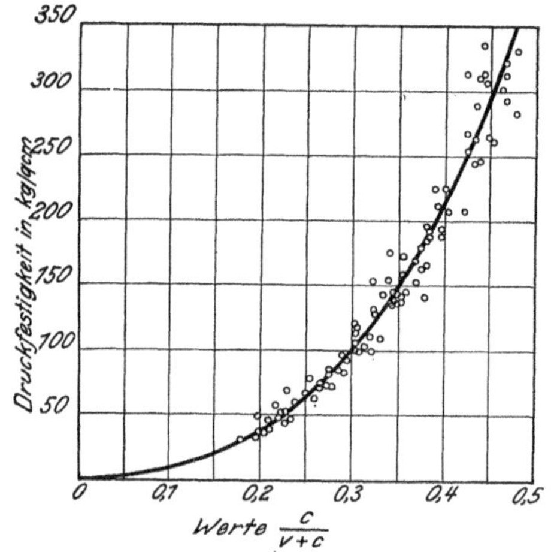

Abb. 70. Abhängigkeit der Druckfestigkeit des Betons von den Werten $\frac{\text{Zementvolumen}}{\text{Hohlräume} + \text{Zementvolumen}}$, nach Versuchen von Talbot.

Aus Feststellungen nach Art der Abb. 71 und 72 hat Talbot die Darstellung Abb. 73 geschaffen, welche charakteristische Hohlraumkurven für Mörtel mit verschiedenem Zementgehalt beim „basic water content" bzw. bei verschiedenem Wasserzusatz bedeuten sollen.

Von den Erkenntnissen, welche aus den Versuchen mit Mörtel gewonnen wurden, ging Talbot auf rechnerischem Weg zur Bestimmung der entsprechenden Eigenschaften des Betons über. Er setzte in der Einheit des frisch verarbeiteten Betons:

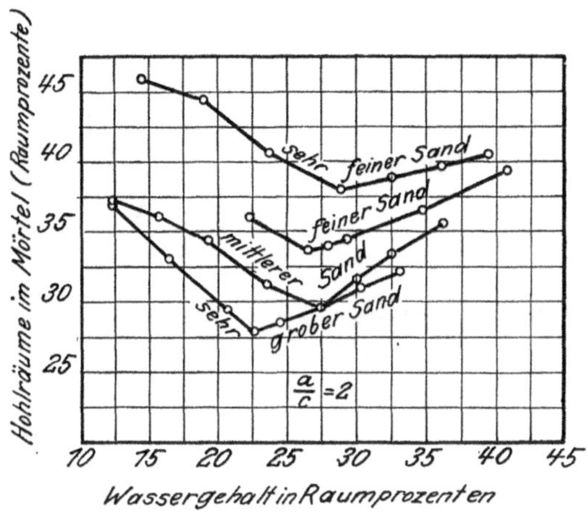

Abb. 71. Aus Untersuchungen von Talbot.

$a =$ absolutes Volumen des Sandes,

$b =$ absolutes Volumen von Kies oder Schotter,

$c =$ absolutes Volumen des Zements,

$d =$ Dichtigkeitsgrad des Betons $= a + b + c$,

$v_m =$ Hohlräume (Luft und Wasser) in der Einheit des Volumens des Mörtels (oder der Mischung von Zement, Sand und Wasser), wie er im Beton vorhanden ist,

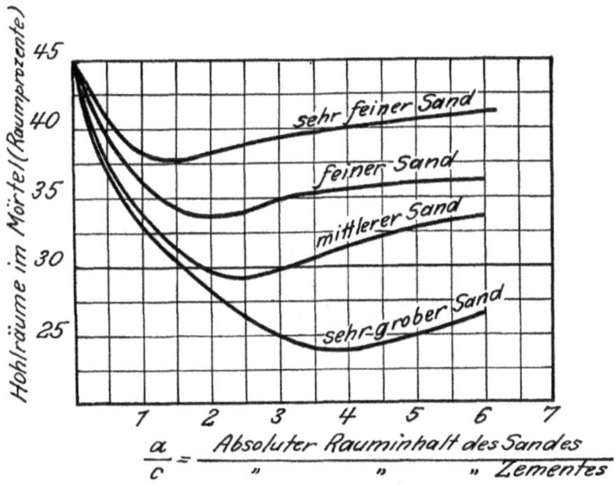

Abb. 72. Aus Untersuchungen von Talbot.

$v = 1 - d =$ Hohlräume in der Einheit des Betons,

$$a + b + c = d = 1 - v, \quad \text{(a)}$$

außerdem

$$\frac{c+a}{1-v_m} + b = 1, \quad \text{(b)}$$

Ferner ist angegeben

$$\left.\begin{array}{l} v = v_m(1-b) \\ \text{bzw. } b = 1 - \dfrac{v}{v_m} \end{array}\right\}.$$

Wenn der Zementgehalt und bestimmte Eigenschaften der übrigen Stoffe oder des Betons bekannt sind, so ließen sich hiernach die weiteren Werte bestimmen. Talbot gibt u. a. folgendes Beispiel an.

Gegeben $c = 0{,}1$ (Beton aus 1 Raumteil Zement und 5 Raumteilen Sand und Kies),

$a = 0{,}25$,

somit $a : c = 2{,}5$.

Für diesen Wert $a : c = 2{,}5$ ist aus der zugehörigen Mörtelkurve bekannt, daß $v_m = 0{,}30$.

Dann findet sich aus Gleichung (b)

$$\frac{0{,}1 + 0{,}25}{1 - 0{,}30} + b = 1$$

$$b = 0{,}50\,,$$

und aus Gleichung (a)

$$0{,}25 + 0{,}50 + 0{,}1 = d = 0{,}85$$

und

$$v = 1 - 0{,}85 = 0{,}15.$$

Hieraus

$$\frac{v}{c} = \frac{0{,}15}{0{,}10} = 1{,}5\,,$$

wozu nach der Kurve in Abb. 69 eine Druckfestigkeit von rund 220 kg/cm² gehört.

Weitere Untersuchungen Talbots erstreckten sich auf den Einfluß der Körnung, namentlich des Anteils der einzelnen Korngrößen auf den Dichtigkeitsgrad des Betons und des Mörtels. Talbot sagt, daß ein gut zusammengesetztes Kiesmaterial (Sand und Kies) 35 vH Hohlräume habe, einer alten deutschen Erfahrungszahl nahekommend. Talbot fand weiter die Beobachtung bestätigt, daß der Anteil der groben Teile bei rundem Kies größer sein kann als bei flachem, ferner bei gebrochenem Material kleiner als bei Kies und daß in letzterem Fall die obere Grenze von der Form der Schotterstücke (Splitter, Würfel usf.) abhängig ist. Er fand auch wieder, daß, solange der Anteil der groben

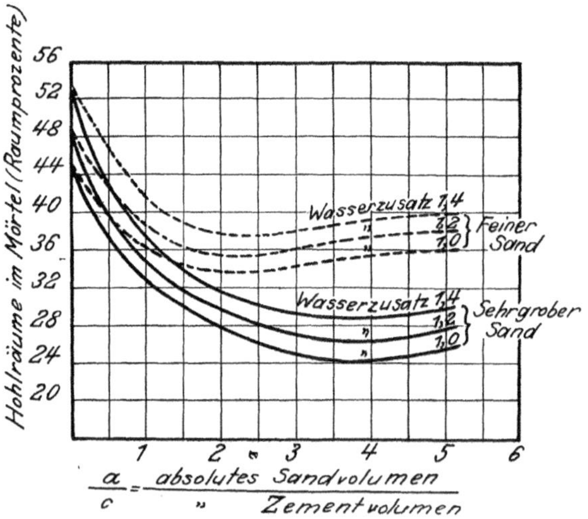

Abb. 73. Aus Untersuchungen von Talbot.

Stücke unter der oberen Grenze bleibt, die Stufung der Korngrößen der groben Stücke meist ohne deutlichen Einfluß bleibt.

An die Versuche von Feret hat auch Bolomey angeknüpft[1].

Er setzte
$$K = \left(\frac{Z}{W} - 0{,}50\right) A,$$

wobei Z das Zementgewicht,

W das Volumen des Anmachwassers,

$$A = \frac{K_n}{2{,}2} \text{ bis } \frac{K_n}{3{,}5} \text{ im Mittel } \frac{K_n}{2{,}7}^*,$$

wenn K_n die Normenfestigkeit des Zements nach den schweizerischen Normen.

Die Gleichung ist in Abb. 74 für $K_n = 400$ kg/cm² und $A = \frac{K_n}{3{,}5}$ durch eine ausgezogene Kurve dargestellt; dabei ist $W : Z = w$ gesetzt. In

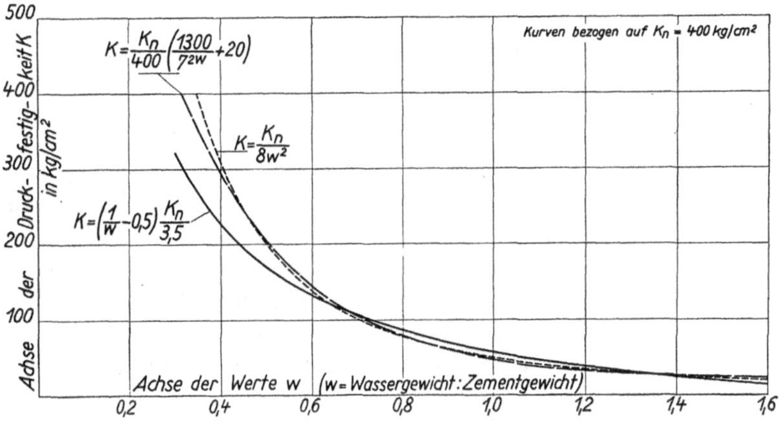

Abb. 74. Verschiedene Beziehungen zwischen dem Wasserzementfaktor w und der Druckfestigkeit K des Betons.

Abb. 74 finden sich ferner die Kurven nach Gl. 1 und 3 (vgl. S. 10 u. 15), ebenfalls für $K_n = 400$ kg/cm². Hieraus erhellt — auch wenn beachtet

[1] Bestimmung der Druckfestigkeit von Mörtel und Beton, Schweizerische Bauzeitung 1926, Bd. 88, S. 41 u. f.; Übersetzung von Reifler; Durcissement des Mortiers et Betons, Bulletin technique de la Suisse romande, 1927, Heft 16, 22 u. 24 (Sonderdruck, Lausanne 1928).

* In der Arbeit von 1927 empfiehlt Bolomey für A folgende Größen:

Zement	Alter des Betons		
	7 Tage	28 Tage	90 Tage
Portlandzemente	$\frac{K_{n7}}{3{,}4}$	$\frac{K_{n28}}{2{,}7}$	$\frac{K_{n28}}{2{,}0}$
Tonerdezemente	$\frac{K_{n7}}{2{,}2}$	$\frac{K_{n28}}{2{,}0}$	$\frac{K_{n28}}{1{,}8}$

wird, daß K_n nach den schweizerischen Normen für gleiche Stoffe um etwa 10 bis 20 vH größer ausfällt als nach den deutschenNormen —, daß die drei Gleichungen im wichtigsten Gebiet ($w=0,6$ bis 1,2) nicht bedeutend voneinander abweichen. Weitere größere Beiträge zu der Methode von Feret gaben Suenson[1] und Leclere du Sablon[2].

d) Beurteilung von Sand, Kiessand usf. nach Raumgewicht und Hohlräumen.

Die Erkenntnisse unter 6a bis 6c wurden früher sehr oft, in letzter Zeit weniger oft zu einer irrtümlichen Auswahl der Sande, Kiese usf. — wie ohne weiteres erkenntlich ohne Begründung und ohne berechtigte Beziehung auf das soeben mitgeteilte — herangezogen. Dabei wurde u. a. Sand aus verschiedenen Körnungen derart zusammengesetzt, daß der durch Versuch ermittelte Hohlraum des gröbsten Anteils zunächst durch ein gleiches oder etwas größeres Raummaß der nächsten Körnung gefüllt wurde; für das Gemisch ist der Hohlraum ermittelt und für diesen wieder eine entsprechende Menge der nächsten kleineren Körnung vorgesehen worden. Beispielsweise standen in einem bestimmten Fall zur Verfügung:

Sand	1	2	3	4
von	0 bis 0,2	0,2 bis 1	1 bis 3	3 bis 7 mm
1 Liter, lose eingefüllt, wog	1,363	1,519	1,432	1,468 kg;

das spezifische Gewicht des Gesteins betrug 2,66 kg/dm³.

Der grobe Sand 4 enthielt 45 vH Hohlräume.

Hernach waren 1 Liter Sand 4 und 0,45 Liter (das ist 0,644 kg) Sand 3 zu mischen. Das Gemisch wog

lose eingefüllt 1,537 kg für 1 Liter.

Das lose eingefüllte Material enthielt noch 42 vH Hohlräume.

Nach den Gepflogenheiten sind nun 1 Liter des Gemischs von 1 bis 7 mm mit 0,42 Liter des Sands 2 vermengt worden. Das so hergestellte lose Gemenge hatte noch 37 vH Hohlräume. Diese sollten durch Sand 1 oder Zement gefüllt werden. (Würde nur Sand 1 verwendet, so blieben im Gemisch noch 34 vH Hohlräume zurück).

Nach dieser Zusammenschachtelung, deren Ergebnis selbstverständlich von der Wahl der Kornstufen nach Größe und Zahl abhängt, also willkürlich beeinflußt werden kann, würde der Mörtel enthalten

von	0 bis 0,2	0,2 bis 1	1 bis 3	3 bis 7 mm
	23,0	22,6	16,6	37,8 vH,
statt rund	25	10	30	35 vH.

---

[1] Beton und Eisen 1925, S. 48 u. f., ferner Beton und Eisen 1929, S. 397 u. f.
[2] Le Beton rationel, Paris 1927.

Auch die Wahl der Sande als solche nach ihrem Raumgewicht kann nur in ganz groben Zügen als angängig gelten. Zunächst ist durch besondere Versuche festgestellt, auch nach der Überlegung zu erwarten, daß der Sand mit den geringsten Hohlräumen nicht den dichtesten Mörtel liefert. Man müßte also jeweils die Hohlräume bzw. das Raumgewicht des Gemischs aus Zement und Sand, noch besser des frisch verarbeiteten Mörtels suchen und hiernach entscheiden. Hierzu zeigt Abb. 75, daß der beste Mörtel 5 (vgl. S. 29) mit Sand erlangt wird, der nicht das höchste Raumgewicht hat. Weiterhin ist der „beste" Sand für Mörtel verschiedenen Zementgehalts verschieden gekörnt (vgl. S. 31) und hat

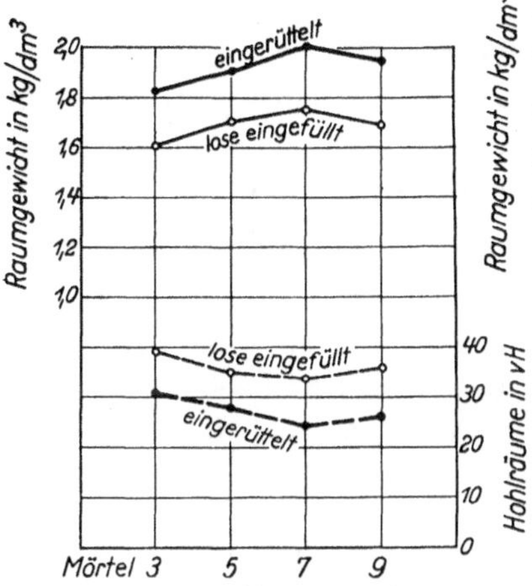

Abb. 75.

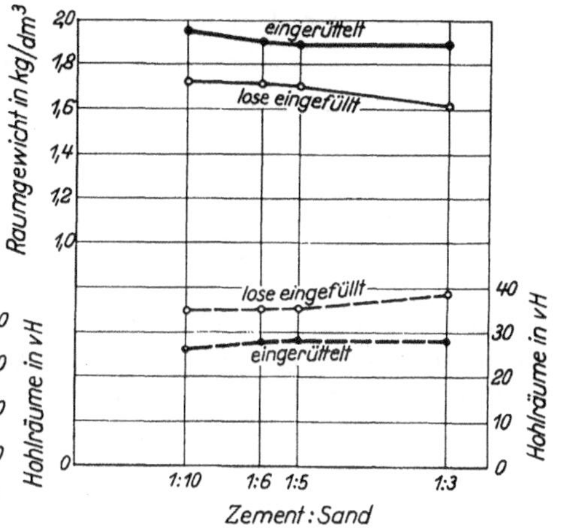

Abb. 76.

Abb. 75. Raumgewichte und Hohlräume von Rheinsand für die in Abb. 27 bezeichneten Mörtel 3, 5, 7 und 9 bei der Mischung aus 1 G.T. Zement und 6 G.T. Rheinsand.

Abb. 76. Raumgewichte und Hohlräume zweckmäßig zusammengesetzter Rheinsande für Mörtel mit verschiedenem Zementgehalt.

deshalb verschiedenes Raumgewicht. Dies zeigt Abb. 76, gültig für Sande, die bei verschiedenem Zementgehalt Mörtel nach dem Linienzug *abcd* der Abb. 25 liefern. Eindeutigen Aufschluß gibt die Siebprobe gemäß dem unter 4 und 5 Gesagten (vgl. S. 19 usf., sowie S. 50 usf.).

7. Einfluß der Größe der Oberfläche des Sands auf die Druckfestigkeit des Zementmörtels und des Betons.

Der Zementbrei soll nach der üblichen Anschauung im Mörtel alle Steinkörner umhüllen. Mit einer bestimmten Menge Zementbrei wird sich dieses Umhüllen der Steinkörner nach sorgfältigem Mischen und Verarbeiten um so vollkommener und durchschnittlich mit um so stärkerer Dicke erreichen lassen, je kleiner die Fläche ist, welche der Zementbrei bedecken soll und je kleiner die Hohlräume sind, welche nach dem Stampfen des Mörtels zwischen den Steinkörnern verbleiben und dann vom Zementbrei gefüllt sein sollen. Wenn hiernach der Einfluß der Größe der Oberfläche der Sande zu verfolgen ist, so wird auch die Zusammensetzung nach Korngrößen derart zu betrachten sein, daß die geringsten Hohlräume auftreten, da diese vom Zementbrei zu füllen sind. Weiter ist hier u. a. wieder zu berücksichtigen, daß Mörtel mit feinen Sanden zur Erlangung einer bestimmten Konsistenz mehr Wasser benötigen als Mörtel mit groben Sanden.

a) Größe der Oberfläche verschiedener Sande[1]. Veränderlichkeit der Druckfestigkeit von Zementmörtel bei Verwendung von gleichkörnigen[2] Sanden mit verschiedener Größe der Oberfläche.

Eine genaue Ermittlung der Oberfläche von Sanden ist natürlich nicht durchführbar; es kann sich nur um näherungsweise Bestimmung derselben handeln. Hierzu wird empfohlen, Sandproben durch Absieben in verschiedene Korngrößen zu teilen, in den so gewonnenen Gruppen gleichkörniger Sande die Zahl der Körner in der Einheit des Gewichts zu bestimmen, das spezifische Gewicht der getrennten Sande, sowie das Durchschnittsgewicht eines Korns dieser Sande festzustellen; dann kann unter Annahme einer Näherungsgestalt des Korns die Oberfläche des Durchschnittskorns der einzelnen getrennten Sande und schließlich einer bestimmten Sandmenge der ursprünglichen Zusammensetzung berechnet werden[3].

Auf diesem Weg sind die in Zusammenstellung 10 eingetragenen Zahlen für die Sande I bis VIII erlangt worden. Die Oberfläche von 1000 g Sand fand sich

bei Sand	I	II	III	IV
zu	29	3,13	1,64	0,56 m²,
entsprechend den Verhältniszahlen	52	5,6	2,9	1.

Es handelt sich um bedeutende Unterschiede. Wenn nun im Mörtel auf 1 kg Sand beispielsweise $^1/_3$ kg Zement entfällt, so stehen zur Bedeckung vom 1 m² Sandfläche zur Verfügung

beim feinen Sand I $^1/_3 : 29 = 0{,}011$ kg,
beim groben Sand IV $^1/_3 : 0{,}56 = 0{,}60$ kg.

Die Zementhülle könnte also beim groben Sand im Mittel über 50 mal stärker werden als beim feinen Sand. Die Möglichkeit einer guten Ver-

[1] Vgl. auch Pöpel, Oberflächengröße und Kornzusammensetzung, Verlag M. Börner, Halle 1929.

[2] Als „gleichkörnige“ Sande werden hier die Sande nach der Art des deutschen Normalsands bezeichnet, also Sande, deren Körner verhältnismäßig geringe Größenunterschiede aufweisen. Gebrauchssande werden „gemischtkörnige“ Sande genannt.

[3] Über andere Methoden vgl. Zunker, Landwirtschaftliche Jahrbücher 1923, S. 159 u. f.; Keilhack, Lehrbuch der praktischen Geologie, II. Band, S. 205.

Zusammenstellung 10. Oberfläche verschiedener Sande.

1	2	3	4	5	6	7
Bezeichnung des Sands	Körnung	Zahl der Körner in 1000 g	Gewicht eines Korns in $^1/_{1000}$ g	Es ergibt sich mit Körnern nach Spalte 4: die Größe des Korns (Durchmesser)	die Oberfläche des Durchschnittskorns	die Oberfläche von 1000 g Sand
	mm			mm	mm²	m²
			1. Flußsand aus Beihingen am Neckar. Unter Annahme der Kugelgestalt.			
I	0 bis 0,2	1430000000[1]	0,0007	0,08[1]	0,02	29
II	0,2 „ 1	1875000	0,53	0,73	1,67	3,13
III	1 „ 3	266000	3,76	1,40	6,16	1,64
IV	3 „ 7	10600	94	4,11	53	0,56
			2. Quetschsand aus Vaihingen an der Enz. Unter Annahme der Gestalt eines Parallelepipedes von $(1 \cdot 0{,}5 \cdot 2)a^3$.			
V	0 bis 0,2	3120000000[1]	0,00032	$a = 0{,}05$[1]	0,0175	55
VI	0,2 „ 1	5265000	0,19	0,418	1,22	6,4
VII	1 „ 3	337000	2,97	1,04	7,57	2,54
VIII	3 „ 7	22700	44	2,56	46	1,04

kittung ist demnach mit grobem Sand eine weitergehende, jedenfalls solange die Hohlräume im Mörtel nicht wesentlich mehr Anteil haben als beim Mörtel mit Sand aus kleineren Körnern.

Im Einklang hiermit stehen die Ergebnisse von Druckversuchen. Früher[2] ist dargelegt worden, daß mit Zunahme der Korngröße der Sande, also mit Abnahme der Oberfläche, die Druckfestigkeit zunahm, wenn die Masse des Zementbreies ausreichte, um die Hohlräume zu füllen. Aus älteren Mitteilungen seien hier folgende Zahlen von Versuchen mit Mörteln aus 1 Gewichtsteil Zement und 3 Gewichtsteilen Sand hervorgehoben. Es fand sich unter Verwendung von

Sand	I	II	III	IV
Oberfläche des Sands in 1 cm³ Mörtel . .	423	47	26	10 cm²;
Zement Z auf 1 dm² der Oberfläche des Sands	0,11	1,1	2,0	5,9 g,
Druckfestigkeit K	249	370	500	549 kg/cm²;
Verhältnis $K:Z$	2260	336	250	93 ;
Raumgewicht r des Mörtels am Prüfungstag.	2,00	2,08	2,21	2,34 g/cm³;

ferner bei Sand	V	VI	VII	VIII
Oberfläche des Sands in 1 cm³ Mörtel . .	750	92	39	15 cm²,
Zement Z auf 1 dm² der Oberfläche des Sands	0,06	0,5	1,3	3,2 g,
Druckfestigkeit K	123	143	242	170 kg/cm²;
Verhältnis $K:Z$	2050	286	186	53 ;
Raumgewicht r des Mörtels am Prüfungstag.	1,88	1,97	2,12	2,04 .

[1] Bei Sand I und V war Zählung praktisch nicht ausführbar, da zu zeitraubend. Infolgedessen ist die Größe des Durchschnittskorns geschätzt und hiermit das Weitere ermittelt worden.

[2] Vgl. 2. Auflage, S. 16 u. f., Abb. 18 und 19.

Bei geringerem Zementgehalt ging das Raumgewicht erheblich zurück; die Mörtel wurden so undicht, daß die Verfolgung des Einflusses der Größe der Oberfläche der acht gleichkörnigen Sande hier untunlich erscheint.

b) Veränderlichkeit der Druckfestigkeit von Zementmörtel bei Verwendung von gemischtkörnigen Sanden mit verschieden großer Oberfläche.

Mit Gemischen aus den Sanden V bis VIII fand sich bei erdfeucht angemachtem Mörtel aus 1 Gewichtsteil Zement und 3 Gewichtsteilen Sand

bestehend aus	0	0,15	0,3 Teilen Sand	V
	0,6	0,45	0,45 „ „	VI
	0,9	0,9	0,75 „ „	VII
	1,5	1,5	1,5 „ „	VIII,
Oberfläche des Sands in 1 cm³ Mörtel	45	88	134 cm²,	
Zement Z auf 1 dm² der Oberfläche des Sands	1,30	0,67	0,44 g,	
Druckfestigkeit K	502	479	494 kg/cm²,	
Verhältnis $K:Z$	386	715	1123,	
Raumgewicht r am Prüfungstag	2,42	2,41	2,42;	

bei erdfeucht angemachtem Mörtel aus 1 Gewichtsteil Zement und 5 Gewichtsteilen Sand

bestehend aus	0	0,25	0,5 Teilen Sand	V
	1	0,75	0,75 „ „	VI
	1,5	1,5	1,25 „ „	VII
	2,5	2,5	2,5 „ „	VIII,
Oberfläche des Sands in 1 cm³ Mörtel	49	97	150 cm²,	
Zement Z auf 1 dm² der Oberfläche des Sands	0,78	0,40	0,26 g,	
Druckfestigkeit K	321	353	373 kg/cm²,	
Verhältnis $K:Z$	411	882	1433,	
Raumgewicht r am Prüfungstag	2,37	2,40	2,43;	

bei erdfeucht angemachtem Mörtel aus 1 Gewichtsteil Zement und 8 Gewichtsteilen Sand

bestehend aus	0	0,4	0,8 Teilen Sand	V
	1,6	1,2	1,2 „ „	VI
	2,4	2,4	2 „ „	VII
	4	4	4 „ „	VIII,
Oberfläche des Sands in 1 cm³ Mörtel	51	99	155 cm²,	
Zement Z auf 1 dm² der Oberfläche des Sands	0,49	0,25	0,16 g,	
Druckfestigkeit K	144	172	195 kg/cm²,	
Verhältnis $K:Z$	294	688	1220,	
Raumgewicht r am Prüfungstag	2,28	2,30	2,36.	

Hieraus erhellt, daß bei den fetten erdfeucht angemachten Mischungen 1 : 3 die Größe der Oberfläche des Sands innerhalb der gewählten Grenzen ohne erheblichen Einfluß blieb, wie auch nach andern Ergebnissen zu erwarten stand[1]. Bei dem Mörtel 1 : 5 zeigte sich deutlich eine Zunahme der Druckfestigkeit mit Zunahme der Oberfläche, wobei das Maximum nicht erreicht scheint. Noch schärfer tritt der Einfluß der Größe der Oberfläche bei dem mageren Mörtel 1 : 8 auf. Diese Feststellung steht im Einklang mit früheren Darlegungen[2]. Weitere Beobachtungen lassen erkennen, daß die Beziehungen zwischen der Druckfestigkeit von Mörteln mit verschiedenen Sanden und der Oberfläche dieser Sande mannigfaltig zutage treten. Ihrer Anwendung steht die Feststellung entgegen, daß die günstigste Größe der Gesamtoberfläche des Sands vom Zementgehalt abhängen muß, wie bereits aus dem zu Abb. 25 Gesagten hervorgeht.

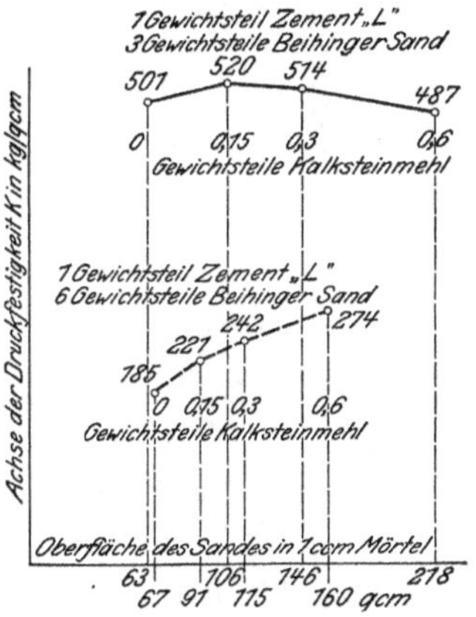

Abb. 77. Druckfestigkeit des Zementmörtels bei verschiedener Größe der Oberfläche der Sande ohne und mit Steinmehl.

Die Ergebnisse von Versuchen über den Einfluß von Steinmehlen schließen sich den soeben mitgeteilten an. Abb. 77 zeigt Beispiele aus Versuchen mit Zementmörtel, welchem in steigendem Maße Kalksteinmehl zugesetzt war (vgl. auch S. 36 u. f.).

c) Die Beziehungen zwischen der Größe sowie der Art der Oberfläche der Sande und der Druckfestigkeit des Mörtels ergaben sich derart, daß die unmittelbare Anwendung der Ergebnisse für die Praxis noch nicht in Betracht kommt. Die Gliederung des Sands gemäß Abb. 25 ist so einfach und so leicht verständlich, auch ausreichend zutreffend, daß die Beurteilung des Aufbaus des Mörtels nach der Größe der Oberfläche des Sandes usf. zur Zeit keine praktische Bedeutung hat.

---

[1] Vgl. 2. Aufl., Abb. 18.

[2] Vgl. Heft 261 der Forschungsarbeiten auf dem Gebiete des Ingenieurwesens, 1922.

C. Druckelastizität des Zementmörtels und des Betons[1].

Nach früheren Versuchen ist Beton mit geringerer Festigkeit im allgemeinen nachgiebiger[2]. Dementsprechend liefern Zemente höherer Festigkeit in der Regel etwas weniger nachgiebigen Beton. Weiter sind vor allem der Wasserzusatz im frischen Beton, die Körnung des Sands, die Elastizität des Gesteins und der Feuchtigkeitszustand des Betons beteiligt. Was hierzu in bezug auf den Aufbau des Mörtels und des Betons wesentlich erscheint, ist im folgenden durch Beispiele kurz erläutert.

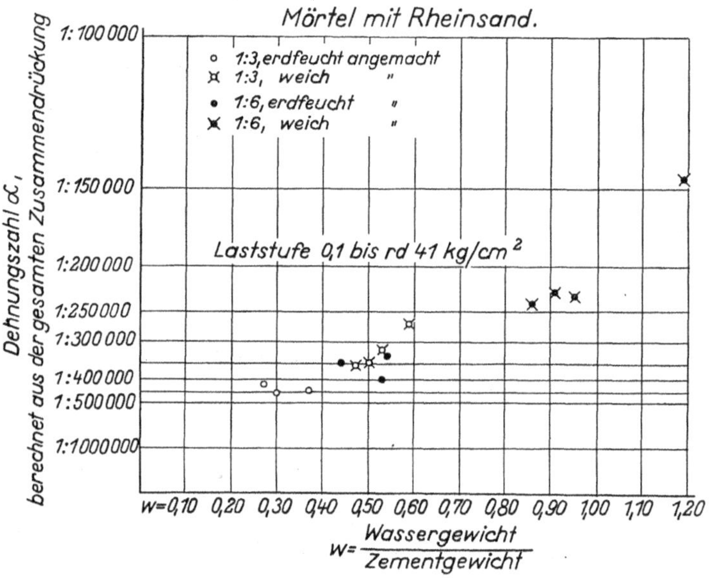

Abb. 78. Druckelastizität von Zementmörtel in Abhängigkeit von Wasserzementfaktor. (Gesamte Zusammendrückungen[3].)

1. Einfluß des Wasserzusatzes.

In den Abb. 78 bis 80 sind die gesamten, bleibenden und federnden, Zusammendrückungen von Mörteln nach Abb. 27 (hergestellt mit ver-

[1] Eine allgemeine Erörterung der Erkenntnisse über die Elastizität des Betons gab der Verfasser im Heft 227 der Forschungsarbeiten auf dem Gebiete des Ingenieurwesens 1920. Ergänzungen finden sich in Entwurf und Berechnung von Eisenbetonbauten, Band I, S. 36, Bautechnik 1926, S. 494 u. f.. Über das Verhalten bei oftmaliger und langdauernder Belastung vgl. Graf, Die Dauerfestigkeit der Werkstoffe, Berlin, Julius Springer 1929, S. 109 u. f.

[2] Vgl. z. B. Graf, Beton und Eisen 1923, S. 3 u. 4.

[3] Lagerung: 7 Tage unter feuchten Tüchern, rund 4 Monate an der Luft, rund 4 Monate unter Wasser, dann bis zur Prüfung im Alter von 2 Jahren an der Luft.

schiedenem Zementgehalt und mit verschiedenem Wasserzusatz) eingetragen, und zwar in Beziehung zum Wasserzementfaktor w.

Die Darstellungen zeigen, daß die Zusammendrückungen mit Zunahme von w größer ausfielen.

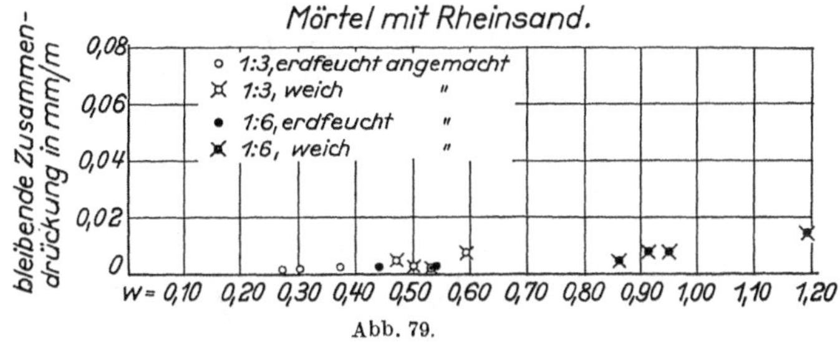

Abb. 79.

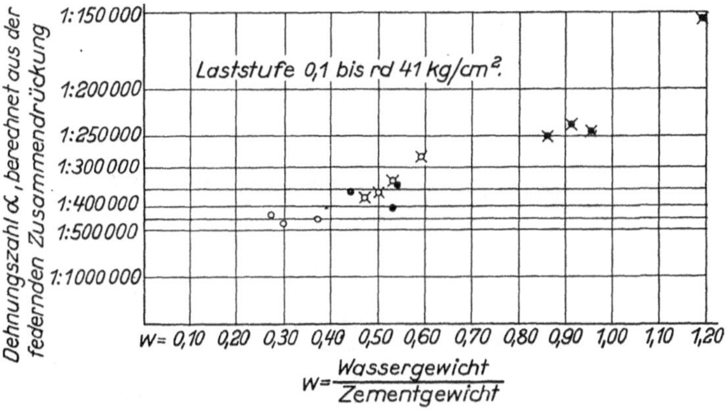

Abb. 80.

Abb. 79 und 80. Bleibende und federnde Zusammendrückungen von Zementmörtel in Abhängigkeit vom Wasserzementfaktor[1].)

2. Einfluß der Kornzusammensetzung auf die Elastizität des Zementmörtels im Beton.

In den Abb. 81 und 82 sind die Dehnungszahlen der gesamten und federnden Zusammendrückungen der Mörtel 3, 5, 7 und 9 nach Abb. 27 wiedergegeben. Für Mörtel 5 ist die kleinste Dehnungszahl ermittelt worden. Hierzu ist bemerkenswert, daß dieser Mörtel gemäß Abb. 31 u. f. in der Regel die höchste Druckfestigkeit lieferte. Dieses Ergebnis bestätigt das S. 76 in der Einleitung zu C Gesagte, wonach die Mörtel höherer Festigkeit unter sonst gleichen Umständen in der Regel die weniger nachgiebigen sind.

---

[1] Siehe Anm. [3] S. 76.

3. Einfluß der Elastizität des Gesteins und des Zementgehalts auf die Druckelastizität des Zementmörtels und des Betons.

Die Elastizität der Gesteine ist sehr verschieden[1], vgl. Abb. 83 bis 85. Nach Abb. 83 und weiteren Feststellungen liegen die Dehnungszahlen

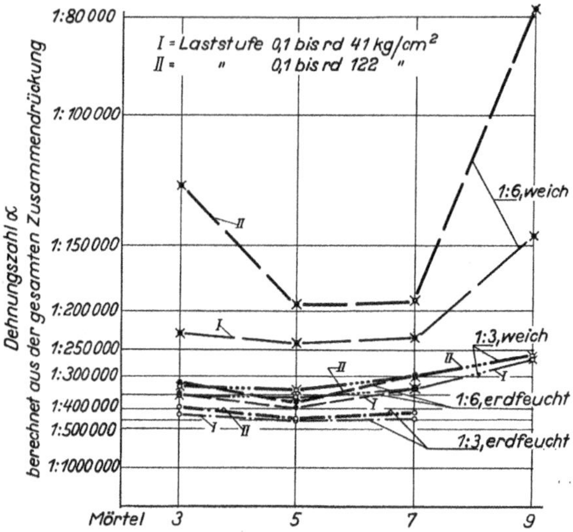

Abb. 81.

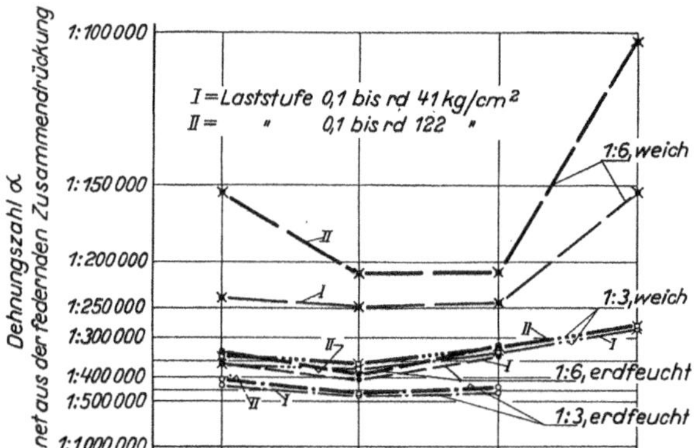

Abb. 82.

Abb. 81 und 82. Dehnungszahlen der gesamten und federnden Zusammendrückungen von Prismen aus den in Abb. 27 bezeichneten Mörteln 3, 5, 7 und 9. Alter: 2 Jahre. Lagerung: 7 Tage unter feuchten Tüchern, rund 4 Monate an der Luft, rund 4 Monate unter Wasser, dann wieder an der Luft.

der gesamten Zusammendrückungen für Gesteine, die zu gewöhnlichem Beton verarbeitet werden, etwa zwischen $\alpha = {}^1/_{50\,000}$ und ${}^1/_{1\,000\,000}$, selten

[1] Vgl. u. a. Beton und Eisen 1926, S. 400 u. f.

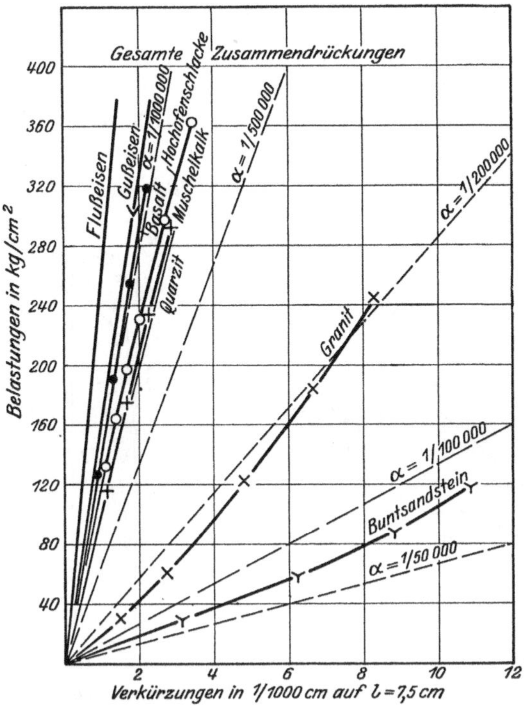

Abb. 83.

Abb. 83 bis 85. Druckelastizität von Gesteinen (gesamte, bleibende und federnde Zusammendrückungen).

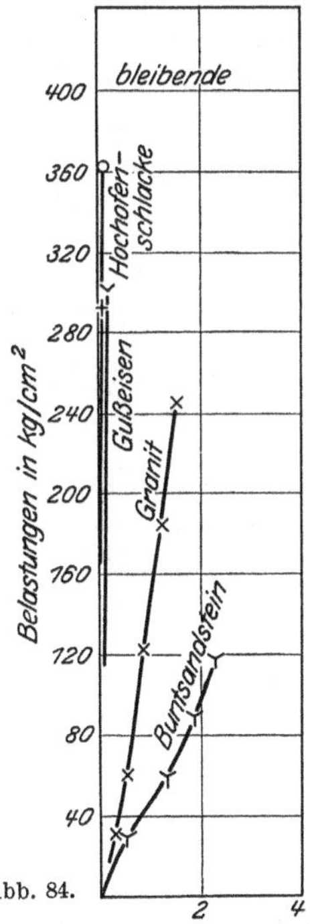

Abb. 84.

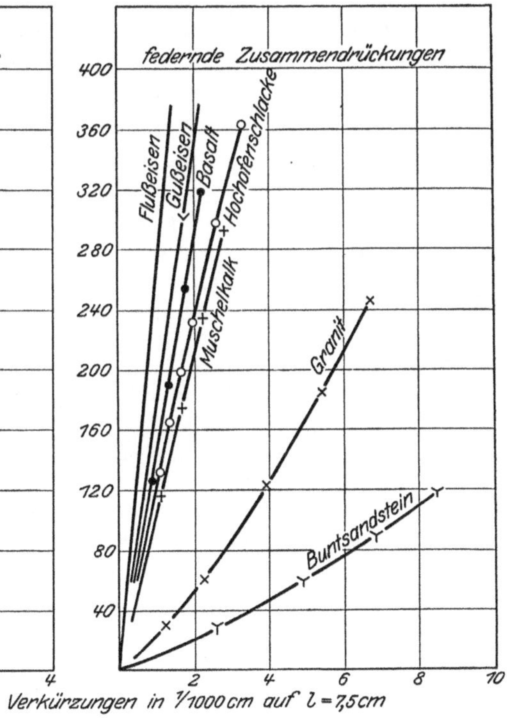

Abb. 85.

sind sie größer als $^1/_{150\,000}$. Gegenüber den üblichen Gesteinen weist der Zementstein im Beton, in der Regel angemacht mit $w=0{,}5$ bis 1, namentlich wenn der Beton lufttrocken ist, eine meist erheblich größere Nachgiebigkeit auf, wie aus Abb. 86 bis 89 hervorgeht.

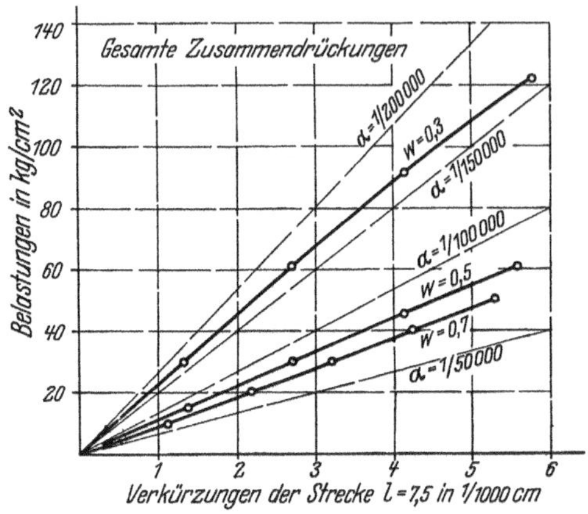

Abb. 86.

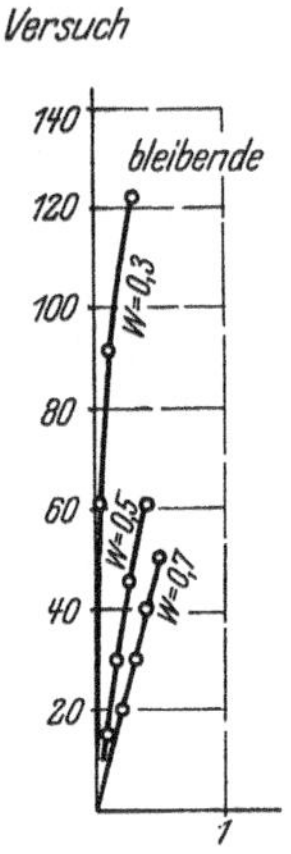

Abb. 87.

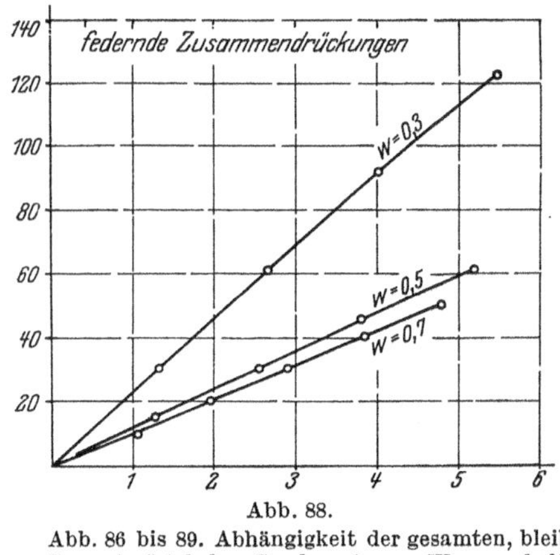

Abb. 88.

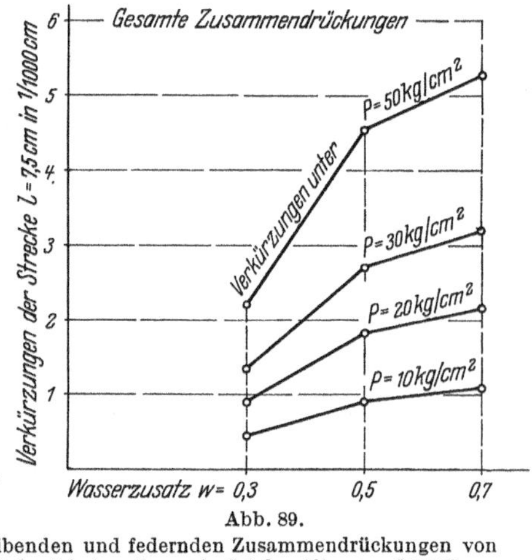

Abb. 89.

Abb. 86 bis 89. Abhängigkeit der gesamten, bleibenden und federnden Zusammendrückungen von Zementmörtel ohne Sandzusatz vom Wassergehalt des frischen Zementmörtels. Alter: rund 100 Tage. Lagerung: 2 Tage in feuchter Luft, 5 Tage unter Wasser, dann trocken.

Aus diesen Darstellungen folgt ohne weiteres, daß die Elastizität des Mörtels und des Betons in hohem Maß von der Art und der Menge der Gesteine abhängt, die in den Zuschlägen vorkommen[1]. Der Einfluß des Zementgehalts macht sich unter gewöhnlichen Verhältnissen entspre-

[1] Vgl. Graf, Bautechnik 1926, S. 518.

chend dem bereits Gesagten derart geltend, daß — vom reinen Zementmörtel ausgehend — zunächst mit Zunahme des Sandgehalts (bis etwa 1 G.T. Zement auf 2 G.T. Quarzsand) eine Abnahme der Formänderungen zu verzeichnen ist, später eine Zunahme stattfindet[1].

D. Zug- und Biegefestigkeit des Zementmörtels und des Betons.

Die Biegefestigkeit des Betons ist für die Widerstandsfähigkeit von Röhren, Gehwegplatten, Kabelformstücken von großer Bedeutung, bei Betonstraßen, auch im Eisenbetonbau nicht unwichtig[2].

Im folgenden wird in erster Linie die Biegefestigkeit verfolgt, weil diese unter praktischen Verhältnissen weit öfters in Betracht kommt als die Zugfestigkeit.

Wenn die Biegefestigkeit gesucht wird, so ist anzustreben, Zahlen zu gewinnen, die hinreichend zuverlässig auf die Wirklichkeit übertragen werden können. Es muß dabei u. a. beachtet werden, daß der Beton über eine gewisse Erstreckung Ungleichmäßigkeiten aufweist. Infolgedessen muß die Anstrengung, welche den Bruch herbeiführt, in dem Versuchskörper über eine nicht zu kleine Erstreckung hin vorhanden sein. Die Bedeutung dieses Umstandes tritt uns entgegen, wenn die Ergebnisse der Prüfung nach Abb. 28 (2 Lasten) und Abb. 29 (1 Last) verglichen werden. Die Versuchsergebnisse zeigen, daß die Biegefestigkeit mit der Anordnung nach Abb. 28 (2 Lasten) $^6/_{10}$ bis $^9/_{10}$, im Mittel etwa $^4/_5$ der Biegefestigkeit beträgt, die sich im Falle der Abb. 29 (1 Last) ergibt.

Die Prüfung mit einer Last nach Abb. 29 lieferte also im Mittel etwa um $^1/_4$ größere Biegefestigkeiten als die Prüfung mit zwei Lasten nach Abb. 28[3].

Unterschiede dieser Art waren zu erwarten. Wenn nur eine Last wirkt, entsteht rechnerisch nur an der unteren Kante des mittleren Querschnitts die größte Zuganstrengung, während beim Vorhandensein von zwei Lasten die untere Fläche auf dem gesamten Gebiet zwischen den zwei Lasten die größte Zuganstrengung erfährt. Im letzteren Fall werden schwache Stellen des Betons eher Einfluß nehmen, außerdem wird

---

[1] Vgl. Bach u. Graf, Armierter Beton, 1911, Heft 9, S. 309 u. f.

[2] Spangenberg, Beton und Eisen 1927, S. 16 u. f.; Graf, Beton und Eisen 1928, S. 250, Betonwerk 1928, S. 505 u. f.

[3] Über den Einfluß der Lastanordnung haben Gonnerman und Shuman später ausführlich berichtet und dabei auch den Einfluß der Höhe und der Spannweite der Balken verfolgt (3 bis 12″ Höhe, 6 bis 60″ Spannweite). Bei Prüfung der Balken mit zwei Lasten, wie dies in Stuttgart seit längerer Zeit üblich ist, blieben Höhe und Spannweite ohne deutlich ausgeprägten Einfluß (Portland Cement Association, Report of the Director of Research, November 1928. S. 174 u. f.).

der Bruch eher die groben, festeren Stücke umgehen. So sehen wir in Abb. 91 oben Bruchstücke von Balken, die mit einer Last geprüft worden sind, unten das Bruchstück eines Balkens, der mit zwei Lasten beansprucht war. In den oben abgebildeten Querschnitten fanden sich grobe Schotterstücke, die beim Biegeversuch gebrochen sind (mit × bezeichnet), während im unten dargestellten Stück nur an schwachen Splittern Bruchflächen gefunden wurden, im übrigen die Bruchfläche des Betons über die Oberfläche der groben Stücke verlief. Bei der Lastanordnung nach Abb. 28 — sie lieferte die kleineren Biegefestigkeiten — verlief der Bruch also nicht durch die groben Schotterstücke.

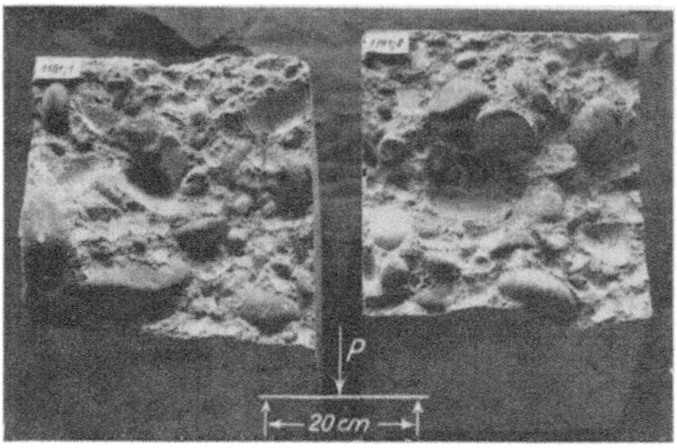

Abb. 90.

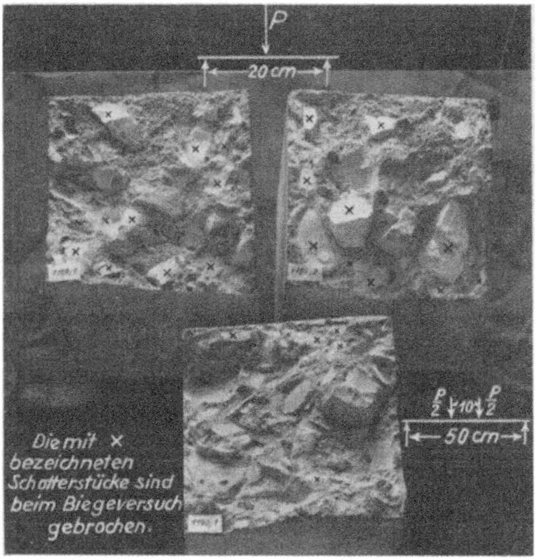

Abb. 91.

Abb. 90 und 91. Bruchflächen von Balken mit Rheinkies (Abb. 90) und Kalksteinschotter (Abb. 91). Einfluß der Anordnung der Last (Abb. 91).

Abb. 90 zeigt die Bruchflächen von Balken aus Kiesbeton, geprüft nach Abb. 29, wobei der Kies aus Gestein hoher Festigkeit bestand. Kein Kiesstück war gebrochen. Der Bruch des Betons verlief über die Oberfläche der Kiesstücke. Der Vergleich von Abb. 90 und 91 läßt zunächst erkennen, daß die Art der Zuschläge (Kies, Schotter) den Bruchverlauf beeinflußt.

Diese Bruchbilder sind überdies lehrreich für die Beurteilung von Vor-

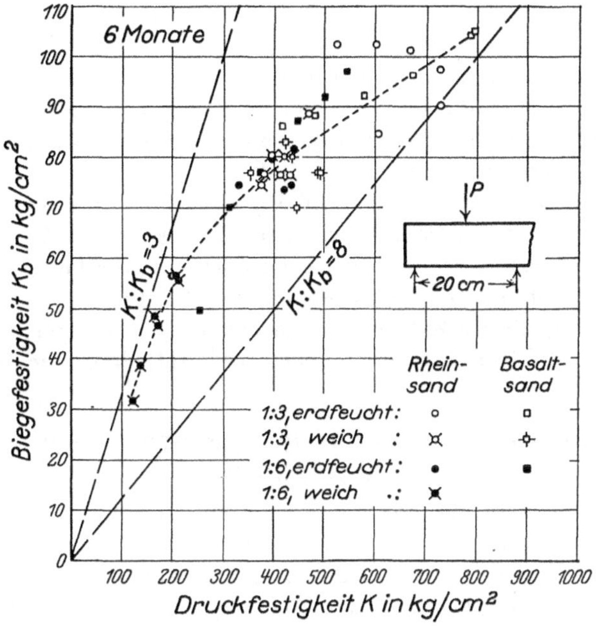

Abb. 92. Verhältnis der Biegefestigkeit zur Druckfestigkeit bei Zementmörtel nach Abb. 27. Alter: 6 Monate. Lagerung: 14 Tage unter feuchten Tüchern, dann trocken.

gängen bei der Zerstörung von Zementwaren beim Transport, Einbau usf., wie ohne weiteres zu entnehmen ist.

Nicht selten wird Beton, dessen grobe Zuschläge beim Bruch unverletzt bleiben, als mangelhaft angesehen. Die gezeigten Beispiele lassen erkennen, daß die Belastungsanordnung auch beteiligt sein kann.

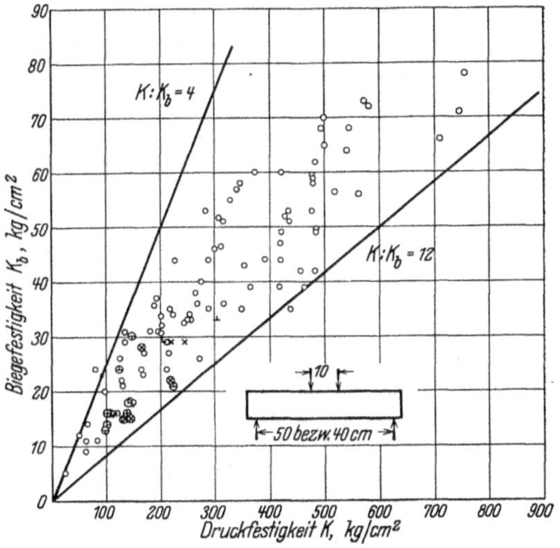

Abb. 93. Verhältnis der Biegefestigkeit zur Druckfestigkeit des Betons. Alter: 7 Tage bis 2 Monate. Lagerung: 7 bis 14 Tage unter feuchten Tüchern, dann trocken.

Es war bisher üblich, die Widerstandsfähigkeit der Mörtel und des Betons vor allem nach der Druckfestigkeit zu beurteilen. In diesem Vorgehen liegt in gewissen Fällen die Voraussetzung, daß die Druckfestigkeit und die Biegefestigkeit in einem gewissen, jedenfalls ungefähr gleichbleibenden Zusammenhang stehen. Diese Annahme findet in den Ergebnissen keine Stütze. Vielmehr zeigt Abb. 92, daß das Verhältnis der Druckfestigkeit K zur Biegefestigkeit K_b bei Mörteln nach Abb. 27 zwischen 3 und 8 liegt, also in weiten Grenzen schwankt. Der Zementgehalt und der Wasserzusatz blieben dabei ohne ausgeprägten Einfluß. Bei Betonbalken verschiedener Zusammensetzung (107 Versuchsreihen) wurde die Streuung der Werte $K : K_b$ noch größer ermittelt, wie Abb. 93 erkennen läßt. Hier liegt $K : K_b$ zwischen 4 und 12. Es liegt also Veranlassung vor, bei Zementwaren, die im Gebrauch durch Biegung zerstört werden können, in erster Linie die Biegefestigkeit des Materials zu verfolgen. Die Abnahmevorschriften für Röhren, Platten usf. entsprechen bekanntlich dieser Forderung.

1. Einfluß des Zements auf die Zug- und Biegefestigkeit des Betons.

Wie bei den Druckversuchen, erwies sich der Einfluß des Zements als sehr bedeutend. Bei vielen Versuchen zeigte sich, daß die Veränderlichkeit der Biegefestigkeit des Betons nur in groben Zügen mit derjenigen der Normenzugfestigkeit des Zements zu beurteilen ist. Mit den jetzigen Normenproben gelingt eine hinreichende Beurteilung der Leistungsfähigkeit der Zemente jedenfalls nicht immer (vgl. u. a. das in der Fußbemerkung S. 12 Gesagte). Dazu tritt, daß die Widerstandsfähigkeit gegen äußere Kräfte in bezug auf die Zug- und Biegefestigkeit des Betons in hohem Maße von den beim Austrocknen entstehenden Schwindspannungen abhängt, und daß sie auch beim Durchfeuchten nicht voll zur Geltung kommt. Es handelt sich also bei der Wahl der Zemente zu Beton, der hohe Zug- und Biegefestigkeit aufweisen soll, nicht bloß um die Prüfung auf Zugfestigkeit, sondern auch um die Größe und Geschwindigkeit des Schwindens und Quellens[1]. Bis auf weiteres sei deshalb empfohlen, die Eigenschaften der Zemente in wichtigen Fällen durch Vergleichsversuche zu erkunden, wobei die zugehörigen praktischen Verhältnisse tunlichst zu berücksichtigen sind.

---

[1] Vgl. u. a. Graf, Die Druckfestigkeit von Zementmörtel, Beton, Eisenbeton und Mauerwerk, die Zugfestigkeit des unbewehrten und bewehrten Betons, Konrad Wittwer, Stuttgart 1921, S. 84 u. f., ferner Forschungsarbeiten auf dem Gebiete des Ingenieurwesens, Heft 295, S. 35 u. f., auch Handbuch für Eisenbetonbau, 4. Aufl., Band 1, S. 32 u. f. Ferner sei auf die Versuche von Olsen in Beton und Eisen 1929, Heft 11 und 12 verwiesen.

2. Einfluß des Wassergehalts (Wasserzementfaktors w) auf die Zugfestigkeit und Biegefestigkeit des Zementmörtels und des Betons.

Die Beziehungen zwischen der Beschaffenheit des Zementbreis und der Zugfestigkeit des Zementmörtels im Alter von 28 Tagen ließen sich für die in Abb. 94 dargestellten Versuche[1] für die untere Begrenzung der Versuchswerte in Näherungsgleichungen setzen, die denen entsprechen, welche S. 10 bis 15 für die Druckfestigkeit entwickelt sind. Selbstver-

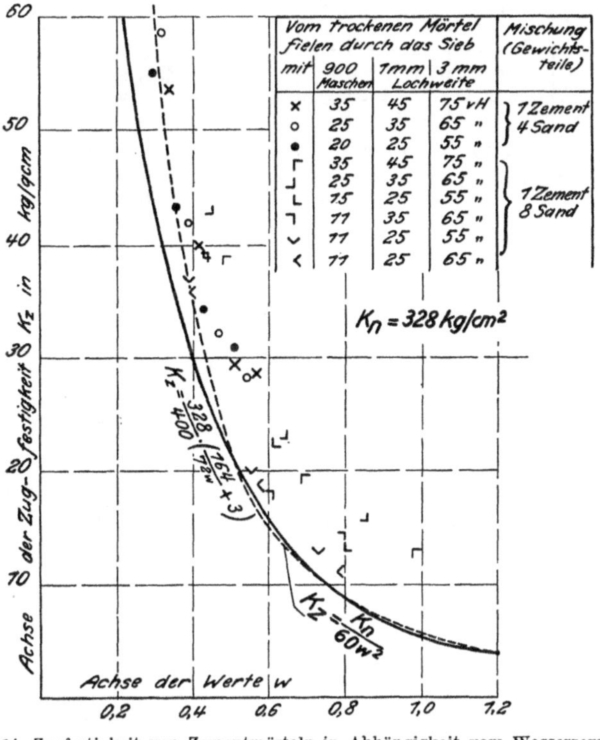

Abb. 94. Zugfestigkeit von Zementmörteln in Abhängigkeit vom Wasserzementfaktor.

ständlich ist die hier gewählte Beziehung zur Normendruckfestigkeit nur angängig, bis weitergehende Versuche im Sinne des S. 84 Gesagten vorliegen.

In Abb. 95 sind die Biegefestigkeiten der in Abb. 27 angegebenen Mörtel 3 bis 9 zu den Verhältniszahlen w (w = Wassergehalt des frischen Mörtels : Gewicht des Zements = Wasserzementfaktor) dargestellt. Deutlich erhellt aus dieser Darstellung, daß die Biegefestigkeit mit Zunahme

[1] Vgl. Bauingenieur 1924, S. 736 bis 740.

von w, also mit Zunahme des Wassergehalts des Zementbreis des Mörtels abgenommen hat. Die Beziehungen zwischen dem Wasserzementfaktor w

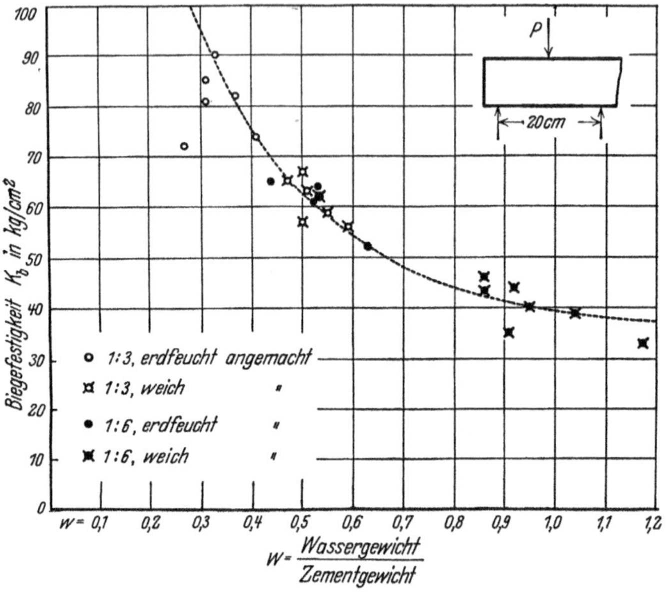

Abb. 95. Biegefestigkeit der in Abb. 27 bezeichneten Mörtel 3 bis 9 mit Rheinsand im Alter von 12 Monaten. Lagerung: 14 Tage unter feuchten Tüchern, $1^1/_2$ Monate an der Luft, dann unter Wasser.

und der Biegefestigkeit K_b sind ähnlich denen, die früher für w und die Druckfestigkeit K gefunden worden sind (vgl. S. 10 u. f.). Die Versuchs-

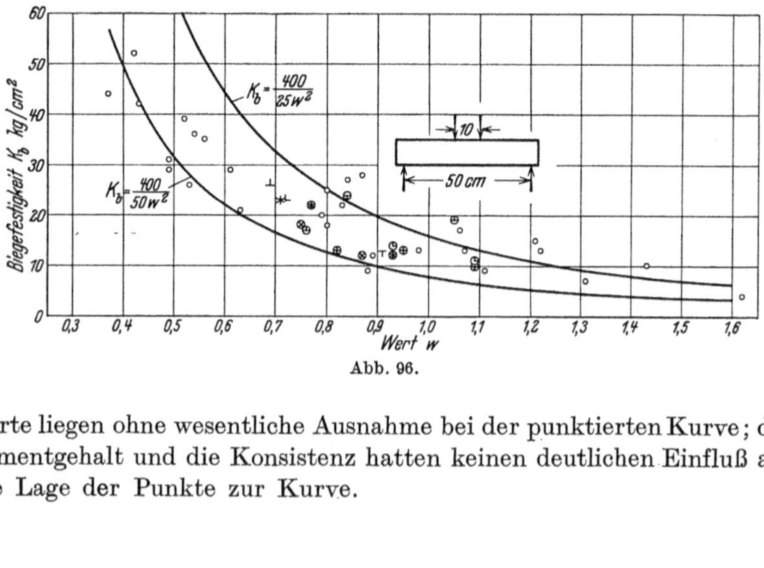

Abb. 96.

werte liegen ohne wesentliche Ausnahme bei der punktierten Kurve; der Zementgehalt und die Konsistenz hatten keinen deutlichen Einfluß auf die Lage der Punkte zur Kurve.

Weitere Feststellungen sind in den Abb. 96 und 97 eingetragen; sie gelten für 28 Tage alte Betonbalken verschiedener Zusammensetzung. Die Zahlenwerte K_b sind hier jeweils auf $K_n = 400$ kg/cm² reduziert. An-

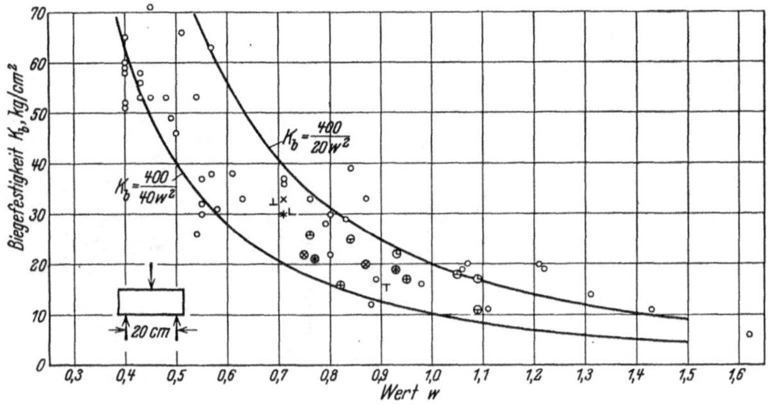

Abb. 97.

Abb. 96 und 97. Abhängigkeit der Biegefestigkeit K_b des Betons vom Wasserzementfaktor w. Alter: 28 Tage. Lagerung: 7 Tage unter feuchten Tüchern, dann trocken.

schaulich zeigen die beiden Zeichnungen, daß die Biegefestigkeit K_b mit steigendem Wasserzusatz entsprechend Gl. 2 (S. 13) abnimmt. Mit den eingetragenen Kurven lassen sich für die praktische Anwendung die Mindest- und Höchstwerte ungefähr voraussagen[1].

3. Einfluß der Kornzusammensetzung des Sands auf die Zug- und Biegefestigkeit des Zementmörtels.

Abb. 98 zeigt die Ergebnisse der Prüfung von 6 Monate alten Balken (nach trockener Lagerung), Abb. 99 von 12 Monate alten Balken (nach Wasserlagerung). Die Mörtel waren nach den Linienzügen 3 bis 9 der Abb. 27 zusammengesetzt. Die höchsten Biegefestigkeiten lieferten im Mittel die Mörtel 5. Nach diesen Feststellungen und nach den Beobachtungen bei der Verarbeitung der Mörtel kann wie bei den Druckversuchen empfohlen werden, die Sieblinie der Mörtel, die hohe Biegefestigkeiten liefern sollen, nach der Linie der Mörtel 5 zu beurteilen, wenn es sich um Flußsand handelt, und weiter, wenn möglich, die Körnung des Mörtels zwischen den Linien 5 und 7 der Abb. 27 zu wählen.

Für Mörtel mit doppelt gebrochenem Basaltsand hat sich die Zusammensetzung nach dem Linienzug 5 der Abb. 27 ebenfalls als besonders gut herausgestellt, vgl. Abb. 100. Für die Beurteilung dieser Feststellung sei auf das S. 34 unter B, 4c Gesagte verwiesen.

[1] Vgl. dazu das S. 13 und 55 über die Anwendung von Gl. 2 Gesagte.

Die staubfeinen Teile beeinflussen die Zugfestigkeit im allgemeinen in gleicher Richtung, wie dies für die Druckfestigkeit S. 36 u. f. festzustellen war. Abb. 101 zeigt dafür die Zugfestigkeit der Mörtel zu Abb. 43.

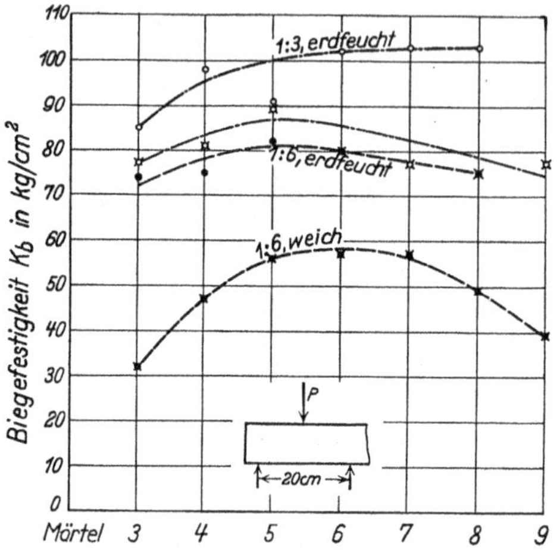

Abb. 98. Biegefestigkeit der in Abb. 27 bezeichneten Mörtel 3 bis 9 mit Rheinsand. Alter: 6 Monate. Lagerung: 14 Tage unter feuchten Tüchern, dann an der Luft in einem geschlossenen Arbeitsraum.

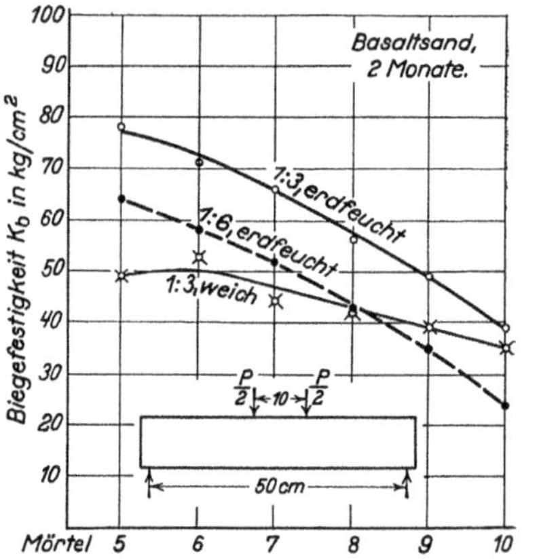

Abb. 100. Biegefestigkeit der in Abb. 27 bezeichneten Mörtel 5 bis 10 mit doppelt gebrochenem Basaltquetschsand. Alter: 2 Monate. Lagerung: 14 Tage unter feuchten Tüchern, dann an der Luft.

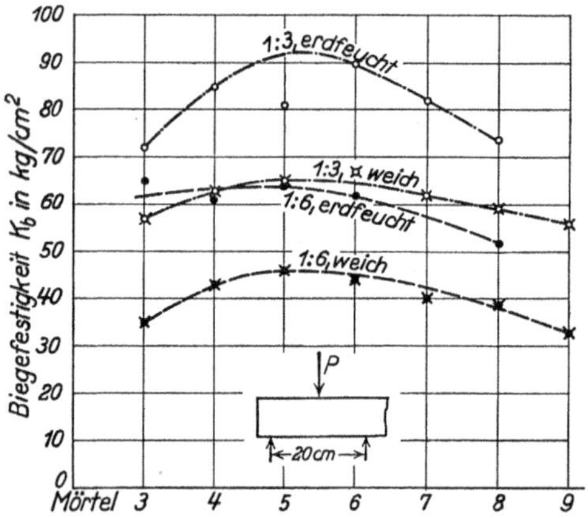

Abb. 99. Biegefestigkeit der in Abb. 27 bezeichneten Mörtel 3 bis 9 mit Rheinsand. Alter: 12 Monate. Lagerung: 14 Tage unter feuchten Tüchern, $1^1/_2$ Monate an der Luft, dann unter Wasser.

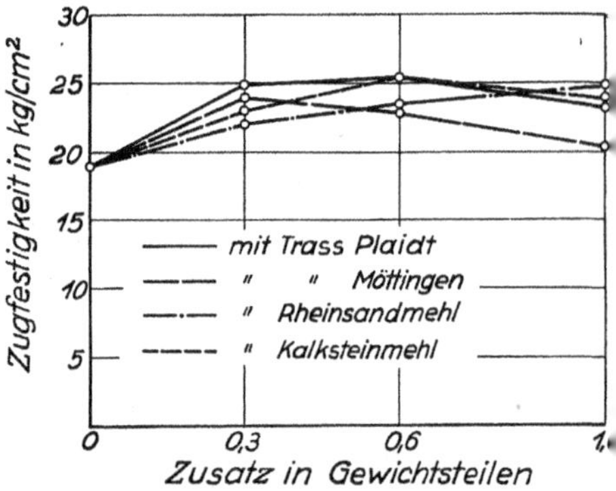

Abb. 101. Zugfestigkeit der in Abb. 42 und 43 bezeichneten Mörtel mit Normalsand und Zusätzen aus Steinmehl.

Die Tone haben die Zugfestigkeit weniger beeinträchtigt als die Druckfestigkeit, wie ein Vergleich der Abb. 102 mit Abb. 55 ohne weiteres erkennen läßt. Nur nach Wasserlagerung waren Rückgänge der Zugfestigkeit zu verzeichnen.

4. Einfluß der groben Zuschläge auf die Biegefestigkeit des Betons[1].

Dem Mörtel aus 1 Gewichtsteil Zement und 4 Gewichtsteilen Rheinsand wurden 4,6 Gewichtsteile Kies oder Schotter beigemischt, so daß der Beton rund 50 vH Mörtel enthielt. Die Biegefestigkeit des Kiesbetons fiel im Mittel um rund $^1/_5$ bis rund $^1/_3$ kleiner aus als die Biegefestigkeit des Mörtels. Auch der Beton mit langsplitterigem Basaltschotter lieferte im Mittel kleinere Biegefestigkeiten als der Mörtel.

Beton mit Granitschotter und Kalksteinschotter hat nach 4 Wochen etwas größere, nach $3^1/_2$ Monaten etwas kleinere Biegefestigkeiten ergeben als der Mörtel, während die Druckfestigkeit mit den groben Zuschlägen stets etwas größer ausfiel.

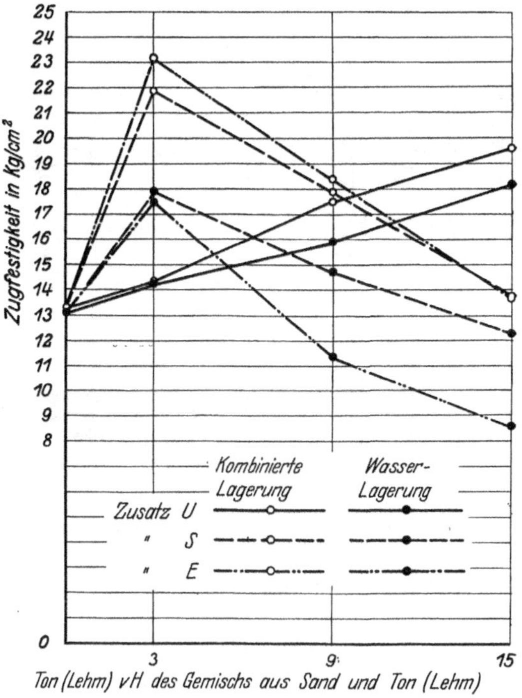

Abb. 102. Zugfestigkeit der in Abb. 52 bis 55 bezeichneten Mörtel mit Ton *U*, *S* und *E*.

Nach den Ergebnissen dieser Versuchsreihe ist Granitschotter und Kalksteinschotter als Zuschlag des Betons mehr geeignet als Rheinkies oder langsplitteriger Basaltschotter, wenn es sich um die Erlangung hoher Biegefestigkeiten handelt[2].

Über weitere Biegeversuche gibt Abb. 103 Auskunft. Zu weich angemachtem Mörtel aus 1 Gewichtsteil Zement und 2 Gewichtsteilen Rheinsand sind 2 bzw. 4 Gewichtsteile Kies oder Schotter gemischt worden. Die Biegefestigkeit des Mörtels blieb durch den kleineren Kieszusatz erhalten, war auch durch den größeren Zusatz nicht ausgeprägt kleiner geworden. Mit Kalksteinschotter hat sich die Biegefestigkeit hier ein wenig vermindert, vgl. Abb. 103 rechts.

---

[1] Vgl. auch Zement 1928, S. 1532 u. f., ferner Betonwerk 1928, S. 508 u. f.

[2] Diese Ergebnisse stehen im Einklang mit den späteren Mitteilungen von Probst u. Brandt, Betonstraße 1929, S. 179.

Die Ergebnisse der Biegeversuche mit Betonbalken lassen wie die Ergebnisse der Druckversuche erkennen, daß für den bis jetzt untersuchten Bereich die Mörtelfestigkeit in erster Linie maßgebend ist. Dieses Ergebnis bestätigt das bei den Druckversuchen erlangte Ergebnis, nämlich daß Anlaß vorliegt, für die Zusammensetzung der Mörtel besondere Vorkehrungen zu treffen, sodann, daß bei Beschränkung des Mörtelgehalts des Betons, also bei Anwendung von Beton, der nur den erforderlichen Mörtelgehalt aufweist, bei gleichem Zementaufwand der Zementgehalt des Mörtels und damit die Festigkeit des Mörtels und des Betons wächst[1].

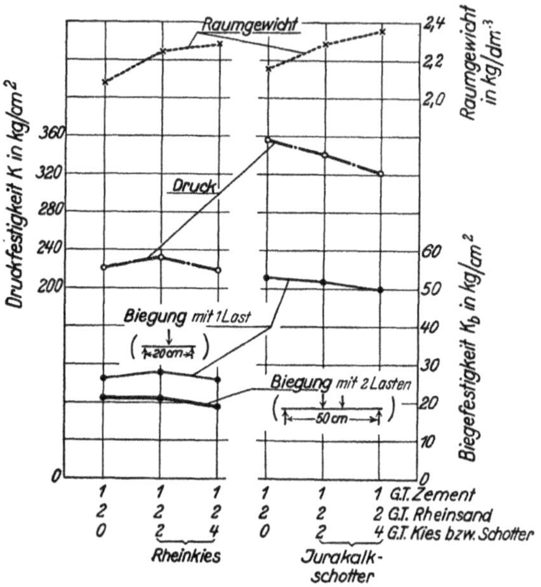

Abb. 103. Abhängigkeit der Druckfestigkeit und Biegefestigkeit des Betons von der Menge der groben Zuschläge.

Für Stampfbeton aus deutschen Zementwarenfabriken sind in Stuttgart Biegefestigkeiten bis $K = 120$ kg/cm² festgestellt worden; in der Mehrzahl liegen die Biegefestigkeiten zwischen 30 und 80 kg/cm²*[2]. Für weich angemachten Beton (zu Eisenbeton) reichen die Biegefestigkeiten für 3 Monate alte Balken von 400 cm² Querschnitt, feucht gelagert, von rund 15 bis rund 60 kg/cm²**[3].

Beton aus Schleuderbetonrohren lieferte $K_b = 34$ bis 75 kg/cm².

Für Bimsbeton ist mit gutem Portlandzement bei dem Raumgewicht

$$r = 1{,}07 \qquad 1{,}27$$
$$K_b = 9 \qquad 15 \text{ kg/cm}^2$$

ermittelt worden.

---

[1] Bestimmte Festigkeiten lassen sich bei Verringerung des Mörtelanteils auf das Notwendige mit weniger Zement erreichen.

* [2] Beispiele vgl. in Betonwerk 1928, S. 509, Abb. 14.

** [3] Vgl. auch Graf, Druckfestigkeit von Zementmörtel, Beton, Eisenbeton und Mauerwerk, S. 94, ferner Heft 258 der Forschungsarbeiten auf dem Gebiete des Ingenieurwesens, S. 10. Versuche mit Torkretbeton sind im Gange. Über weitere Versuche vgl. u. a. Gonnerman u. Shuman, Portland Cement Association, Report of the Director of Research, November 1928, S. 137.

5. Verhältnis der Biege- und Zugfestigkeit des Betons.

Das Verhältnis $K_b : K_z$ fand sich, wenn die Biege- und die Zugfestigkeit am gleichen Körper (mit 400 cm² Querschnitt) ermittelt wurden, oder doch ähnliche Verhältnisse vorlagen, überdies dauernd feuchte Behandlung stattgefunden hatte, zu 1,6 bis 2,9, im Mittel aus 11 Versuchsreihen zu 2,1. Mit Schleuderbeton wurden Werte bis rund 3,5 festgestellt.

E. Druck- und Zugfestigkeit der Kalkmörtel.

1. Einfluß des Kalks auf die Druck- und Zugfestigkeit des Kalkmörtels.

Bei den Kalken scheinen die Beziehungen zwischen der Festigkeit der normengemäß hergestellten, also erdfeucht angemachten Mörtel und der Festigkeit der weich angemachten Gebrauchsmörtel weniger regelmäßig zu sein als bei den Zementen. Beispielsweise fand sich für 28 Tage alte, an der Luft gelagerte Proben mit

	Kalk	W	D	
1 G. T. Kalk	Druckfestigkeit	27	22	kg/cm²,
3 G. T. Normalsand[1].	Zugfestigkeit	1,5	5,1	„ ;
1 G. T. Kalk	Druckfestigkeit	4,0	8,2	„ ,
4 G. T. Rheinsand[2] .	Zugfestigkeit	2,5	3,0	„ ;
1 G. T. Kalk	Druckfestigkeit	4,0	1,8	„ ,
10 G. T. Rheinsand[2] .	Zugfestigkeit	2,4	0,9	„ .

Mit Normalsand fielen die Druckfestigkeiten nur wenig verschieden aus, mit Rheinsand jedoch sehr verschieden.

Die Prüfung auf Zugfestigkeit ergab die größeren Abweichungen[3].

2. Einfluß des Wassergehalts (Wasserkalkfaktors w) auf die Druck- und Zugfestigkeit des Kalkmörtels.

Wie beim Zementmörtel sinken die Festigkeiten mit zunehmendem Wassergehalt. Zusammenstellung 11 enthält hierzu Beispiele, gültig für Neresheimer Weißkalk. Für diese Versuche ließen sich die Beziehungen zwischen dem Wasserkalkfaktor w und der Druckfestigkeit durch Gl. (1), S. 10, befriedigend decken. Daß dieses Ergebnis nicht allgemein zutreffen kann, ergibt sich aus dem unter E, 1 Gesagten.

---

[1] Normengemäß, also erdfeucht angemacht.

[2] Weich angemacht.

[3] Mitteilungen über weitere Versuche sind in Vorbereitung.

Zusammenstellung 11.

Zusammensetzung des Mörtels in Gewichtsteilen	Wassergehalt vH	w	Druckfestigkeit[1] in kg/cm² (Raumgewicht g/cm³) im Alter von 28 Tagen	56 Tagen	4 Monaten	1 Jahr
1 Kalk, 3 Normalsand .	9,1	0,36	—	51 (1,99)	—	—
	(normengemäß)					
	10,3	0,41	—	40 (2,02)	—	—
	11,7	0,47	—	25 (1,99)	—	—
1 Kalk, 6 Beihinger Sand	10,0	0,70	15	—	11	16
	(erdfeucht)					
	11,4	0,80	8	—	6	9
	12,9	0,90	7	—	4	6
	14,6	1,02	4	—	3	4
	16,4	1,15	3	—	2	2

3. Einfluß der Kornzusammensetzung (Körnung) des Sands auf die Druck- und Zugfestigkeit des Kalkmörtels.

Mit den in der Zusammenstellung 12 bezeichneten Kalken sind u. a. die in den Zusammenstellungen 13 bis 15[2] wiedergegebenen Versuche aus-

Zusammenstellung 12.

Bestandteile der Kalke	Gehalt in Hundertteilen Weißkalk	Dolomitkalk	Zementkalk
Glühverlust	29,8	27,5	18,4
Kieselsäure und Salzsäureunlösliches	0,7	13,2	15,7
Eisenoxyd und Tonerde	0,5	5,2	6,1
Kalk (als CaO berechnet)	68,8	42,9	58,2
Magnesia (als MgO berechnet)	—	11,3	Spuren
Schwefelsäure (als SO_3 berechnet)	—	Spuren	0,8

geführt worden. Mit 4 bzw. 5 Sanden wurden mauergerechte Mörtel angemacht. Die Sande *R* waren klare Flußsande vom Rhein, Sand *E* ein in Süddeutschland zu Putz- und Mauerarbeiten viel verwendeter lehmiger Grabsand[3]. Es fielen

	durch das Sieb mit 0,2 mm Maschenweite	1 mm	3 mm	7 mm
		Lochdurchmesser		
vom Sand *R* (0 bis 1)	23,8	100	—	— vH,
„ „ *R* (0 bis 3)	14,2	74,1	100	— vH,
„ „ *R* (0 bis 7, *U*)	15,6	53,0	77,5	100 vH,
„ „ *R* (0 bis 7, *S*)	8,2	33,8	48,9	100 vH,
„ „ *E* (0 bis 7)	5,0	63,0	97,8	100 vH.

[1] Mittelwerte aus je 4 Versuchen. Lagerung: 1 Tag in feuchter Luft, dann trocken.

[2] Diese Ergebnisse sollen an anderer Stelle noch zur Beurteilung des Einflusses des Kalks sowie des Kalkgehalts besprochen werden.

[3] Ein mäßiger Lehmgehalt ist wie beim Zementmörtel auch beim Kalkmörtel geeignet, die Verarbeitung zu erleichtern; auch die Wasserabgabe auf trockenen Untergrund wird dabei verzögert.

Die Zusammenstellungen 13 bis 15 zeigen, daß die Druckfestigkeiten und die Zugfestigkeiten bei Verwendung verschiedener Sande auch bei den Kalkmörteln verschieden ausfielen, wie auch nach älteren Versuchen zu erwarten stand.

Die Körnung der klaren Sande *R* blieb im Weißkalkmörtel (Zusammenstellung 13) von verhältnismäßig unbedeutendem Einfluß, hat aber im Dolomitkalkmörtel und im Zementkalkmörtel erhebliche Unterschiede geliefert.

Zusammenstellung 13. Einfluß des Sands, des Alters und des Kalkgehalts auf die Druck- und Zugfestigkeit von Weißkalkmörtel.

Zusammensetzung des Mörtels in		Sand	Wassergehalt bei gleicher Konsistenz des Mörtels	Druckfestigkeit kg/cm² (Raumgewicht g/cm³) im Alter von			Zugfestigkeit kg/cm² im Alter von		
Raumteilen	Gewichtsteilen	Rheinsand = *R* Ellwanger Sand = *E* (Korngrößen in mm)	vH	28 Tagen	4 Monaten	12 Monaten	28 Tagen	4 Monat.	12 Monat.
1 : 1,7	1 : 4	*R* (0 bis 1)	20,0	6,3 (1,73)	9,1 (1,74)		3,4	3,8	
1 : 1,6	1 : 4	*R* (0 „ 3)	18,5	5,1 (1,81)	9,0 (1,82)		3,2	3,8	
1 : 1,5	1 : 4	*R* (0 „ 7,*U*)	17,0	4,0 (1,89)	8,8 (1,89)		2,5	4,4	
1 : 1,4	1 : 4	*R* (0 „ 7,*S*)	15,5	7,1 (1,95)	9,3 (1,97)		2,8	4,1	
1 : 2,1	1 : 4	*E* (0 „ 7)	24,4	4,5 (1,68)	5,8 (1,71)	7,4 (1,67)	1,8	1,5	3,7
1 : 3,0	1 : 7	*R* (0 bis 1)	20,3	5,1 (1,69)	6,6 (1,72)		2,8	2,3	
1 : 2,8	1 : 7	*R* (0 „ 3)	17,6	4,1 (1,82)	6,0 (1,82)		2,6	2,5	
1 : 2,6	1 : 7	*R* (0 „ 7,*U*)	15,6	4,2 (1,92)	7,6 (1,90)		2,7	3,0	
1 : 2,5	1 : 7	*R* (0 „ 7,*S*)	13,7	5,6 (2,02)	7,4 (2,01)		2,6	3,1	
1 : 3,6	1 : 7	*E* (0 „ 7)	23,2	2,8 (1,70)	4,1 (1,71)		1,6	1,3	
1 : 4,2	1 : 10	*R* (0 bis 1)	21,3	3,9 (1,72)	4,7 (1,70)		1,7	1,7	
1 : 4,0	1 : 10	*R* (0 „ 3)	17,6	3,4 (1,81)	5,9 (1,79)		2,1	2,0	
1 : 3,7	1 : 10	*R* (0 „ 7,*U*)	15,6	4,0 (1,91)	7,0 (1,89)		2,4	2.2	
1 : 3,6	1 : 10	*R* (0 „ 7,*S*)	13,2	4,4 (2,01)	5,4 (2,00)		2,5	2,7	
1 : 5,2	1 : 10	*E* (0 „ 7)	22,6	2,4 (1,67)	3,6 (1,69)		1,6	1,4	

Lagerung: in einem trockenen Raum.

Die groben Sande *R* (0 bis 7 mm, *S* bzw. *U*) haben u. a. mit Zementkalk viel größere Festigkeiten geliefert als der feine Sand *R* (0 bis 1 mm). Soweit die Festigkeit der Mörtel in Betracht kommt, ist es somit angezeigt, tunlichst grobe Mörtel zu verwenden. Dabei kann wohl für die hydraulischen Kalke im allgemeinen von den Erkenntnissen Gebrauch gemacht werden, welche mit Zementmörtel gewonnen worden sind[1] und die besagen, daß für Mörtel von 0 bis 7 mm Körnung die Kornzusammensetzung der Mörtel nach Abb. 25 die beste Ausnutzung des Bindemittels ergibt.

Wenn auch die Körnung der Sande im Kalkmörtel weniger wichtig sein dürfte als beim Zementmörtel und Beton, so ist doch hervorzuheben, daß zu Mauermörtel nicht selten Abfallsande verwendet werden, die nach den vorliegenden Beobachtungen als recht wenig geeignet zu bezeichnen sind.

[1] Vgl. S. 28 u. f.

Zusammenstellung 14. Einfluß des Sands, des Alters und des Kalkgehalts auf die Druck- und Zugfestigkeit von Dolomitkalkmörtel.

Zusammensetzung des Mörtels in Raumteilen	Zusammensetzung des Mörtels in Gewichtsteilen	Sand Rheinsand = R Ellwanger Sand = E (Korngrößen in mm)	Wassergehalt bei gleicher Konsistenz des Mörtels vH	Druckfestigkeit kg/cm² (Raumgewicht g/cm³) im Alter von 28 Tagen	Druckfestigkeit kg/cm² (Raumgewicht g/cm³) im Alter von 4 Monaten	Zugfestigkeit kg/cm² im Alter von 28 Tagen	Zugfestigkeit kg/cm² im Alter von 4 Monat.
1 : 2,8	1 : 4	*R* (0 bis 1)	20,5	5,1 (1,76)	4,7 (1,76)	1,7	1,4
1 : 2,6	1 : 4	*R* (0 „ 3)	16,8	7,5 (1,86)	8,1 (1,86)	1,9	1,9
1 : 2,5	1 : 4	*R* (0 „ 7,*U*)	14,7	8,2 (1,97)	9,1 (1,96)	3,0	2,6
1 : 3,4	1 : 4	*E* (0 „ 7)	22,0	4,0 (1,73)	3,9 (1,73)	0,9	0,8
1 : 4,9	1 : 7	*R* (0 bis 1)	20,9	2,3 (1,72)	2,2 (1,71)	0,9	1,0
1 : 4,5	1 : 7	*R* (0 „ 3)	17,3	3,8 (1,83)	3,8 (1,80)	1,2	1,2
1 : 4,3	1 : 7	*R* (0 „ 7,*U*)	15,0	3,3 (1,92)	3,4 (1,91)	1,5	1,5
1 : 6,0	1 : 7	*E* (0 „ 7)	22,0	2,5 (1,69)	2,5 (1,69)	0,7	0,7
1 : 7,0	1 : 10	*R* (0 bis 1)	21,1	1,4 (1,70)	1,1 (1,67)	0,5	0,5
1 : 6,5	1 : 10	*R* (0 „ 3)	17,8	1,7 (1,79)	1,9 (1,77)	0,7	0,8
1 : 6,1	1 : 10	*R* (0 „ 7,*U*)	15,0	1,8 (1,89)	1,8 (1,90)	0,9	0,8
1 : 8,5	1 : 10	*E* (0 „ 7)	22,3	2,5 (1,70)	2,4 (1,67)	0,7	0,6

Lagerung: in einem trockenen Raum.

Zusammenstellung 15. Einfluß des Sands, des Alters und des Kalkgehalts auf die Druck- und Zugfestigkeit von Zementkalkmörtel.

Zusammensetzung des Mörtels in Raumteilen	Zusammensetzung des Mörtels in Gewichtsteilen	Sand Rheinsand = R Ellwanger Sand = E (Korngrößen in mm)	Wassergehalt bei gleicher Konsistenz des Mörtels vH	Druckfestigkeit kg/cm² (Raumgewicht g/cm³) im Alter von 28 Tagen	Druckfestigkeit kg/cm² (Raumgewicht g/cm³) im Alter von 4 Monaten	Zugfestigkeit kg/cm² im Alter von 28 Tagen	Zugfestigkeit kg/cm² im Alter von 4 Monat.
1 : 2,0	1 : 4	*R* (0 bis 1)	20,1	7,7 (1,75)	19,3 (1,75)	3,1	4,7
1 : 1,9	1 : 4	*R* (0 „ 3)	17,6	11,9 (1,89)	23,1 (1,86)	3,8	5,7
1 : 1,8	1 : 4	*R* (0 „ 7,*U*)	15,7	12,4 (1,94)	26,0 (1,94)	4,0	7,2
1 : 1,7	1 : 4	*R* (0 „ 7,*S*)	13,9	13,8 (2,04)	28,7 (2,04)	3,6	5,9
1 : 2,5	1 : 4	*E* (0 „ 7)	22,8	3,6 (1,75)	6,2 (1,71)	1,6	1,0
1 : 3,5	1 : 7	*R* (0 bis 1)	20,1	5,0 (1,73)	10,9 (1,72)	2,5	2,9
1 : 3,3	1 : 7	*R* (0 „ 3)	17,4	7,3 (1,85)	13,3 (1,85)	3,0	3,5
1 : 3,1	1 : 7	*R* (0 „ 7,*U*)	15,3	9,0 (2,01)	16,3 (1,91)	3,2	4,2
1 : 4,3	1 : 7	*E* (0 „ 7)	22,2	3,8 (1,72)	3,9 (1,71)	1,2	0,7
1 : 5,0	1 : 10	*R* (0 bis 1)	20,3	4,0 (1,71)	6,7 (1,69)	1,8	2,2
1 : 4,7	1 : 10	*R* (0 „ 3)	17,7	5,7 (1,82)	9,1 (1,81)	2,4	2,6
1 : 4,5	1 : 10	*R* (0 „ 7,*U*)	15,4	7,2 (1,92)	11,5 (1,90)	2,8	2,7
1 : 4,3	1 : 10	*R* (0 „ 7,*S*)	12,8	7,3 (2,04)	12,7 (2,06)	2,4	3,6
1 : 6,2	1 : 10	*E* (0 „ 7)	22,7	3,1 (1,70)	2,7 (1,68)	0,9	0,4

Lagerung der im Alter von 28 Tagen geprüften Körper: 21 Tage in einem trockenen Raum, 1 Tag im Wasser, dann wieder trocken. Lagerung der im Alter von 4 Monaten geprüften Körper: nach 4 Wochen und 2 Monaten je 1 Tag im Wasser, sonst in einem trockenen Raum.

F. Abnützwiderstand des Zementmörtels und des Betons[1].

Der Abnutzwiderstand wird in Deutschland in der Regel nach zwei Verfahren verfolgt, nämlich

a) nach dem Stoffverlust beim Schleifen einer Probe (Prüffläche 50 cm^2) auf einer wagrecht kreisenden, gußeisernen Scheibe unter Zugabe von Schmirgel (Belastung 0,6 kg/cm^2; Naxosschmirgel Nr. 80)[2],

b) nach dem Stoffverlust beim Anblasen mit einem Sandstrahl (angeblasene Fläche 60 mm Durchmesser, 2 at Luftdruck usf.)[2].

Bei der Beurteilung der so erlangten Vergleichszahlen muß beachtet werden, daß bis heute noch nicht bekannt ist, inwieweit und für welche Verhältnisse die beim Versuch a) oder b) erlangten Zahlen als Gradmesser des Abnützwiderstands im praktischen Dienst gelten können[3]. Immerhin werden die Versuchsergebnisse angeben, welche Zusammensetzung der Mörtel und des Betons den größeren Abnützwiderstand liefert, wenn die Ergebnisse verschiedener Verfahren die gleiche Folgerung ermöglichen[4].

1. Einfluß des Zements auf den Abnützwiderstand des Zementmörtels und des Betons.

Zement höherer Normenfestigkeit ergibt unter sonst gleichen Ver hältnissen im allgemeinen höheren Verschleißwiderstand.

Neuere Versuche mit zwei Portlandzementen lieferten folgendes.

Zement	*Nh*	*Ng*
a) Mörtel aus 1 G. T. Zement und 3 G. T. Rheinsand,		
Druckfestigkeit	598	441 kg/cm^2,
Abnützung[5]	0,08	0,11 cm^3/cm^2;
b) Mörtel aus 1 G. T. Zement und 6 G. T. Rheinsand,		
Druckfestigkeit	220	138 kg/cm^3,
Abnützung[5]	0,11	0,24 cm^3/cm^2.

Beim mageren Mörtel war der Einfluß des Zements auf den Abnützwiderstand größer als beim fetten Mörtel.

---

[1] Vgl. auch Kleinlogel — Graf — Hundeshagen, Einflüsse auf Beton 3. Auflage, Abschnitt Abnützung.

[2] Vgl. Der Straßenbau 1927, S. 563 u. f.

[3] Solche Versuche sind seit 1928 unter der Leitung des Verfassers im Gang.

[4] Daß hier Vorsicht geboten ist, zeigte folgende Zahlenreihe, die zu zwei Bodenbelägen gehört. Das Verhältnis der Abnützung der Stoffe betrug:
bei der Prüfung nach Bauschinger
a) 1 : 1,04, wenn als Schleifmittel Naxos-Schmirgel Nr. 80 verwendet wurde,
b) 1 : 1,84, wenn das Schleifmittel Quarzsand (Normalsand für Sandstrahlgebläse) war,
bei der Prüfung im Sandstrahl 1 : 7,
beim Abschmirgeln unter Hin- und Herschieben der Probe auf Schmirgelpapier 1 : 3.

[5] Auf der Bauschingerscheibe nach 628 m Schleifweg.

Gleichzeitig ausgeführte Versuche mit Tonerdezement lieferten unter sonst gleichen Umständen höhere Druckfestigkeiten und geringeren Abnützwiderstand als mit dem Portlandzement N_h.

2. Einfluß des Wassergehalts auf den Abnützwiderstand von Zementmörtel und Beton.

Die in Abb. 27 bezeichneten Mörtel wurden zunächst mit Rheinsand erdfeucht und weich verarbeitet. Die Prüfung auf Abnützung lieferte die in den Abb. 104 bis 107 eingetragenen Ergebnisse.

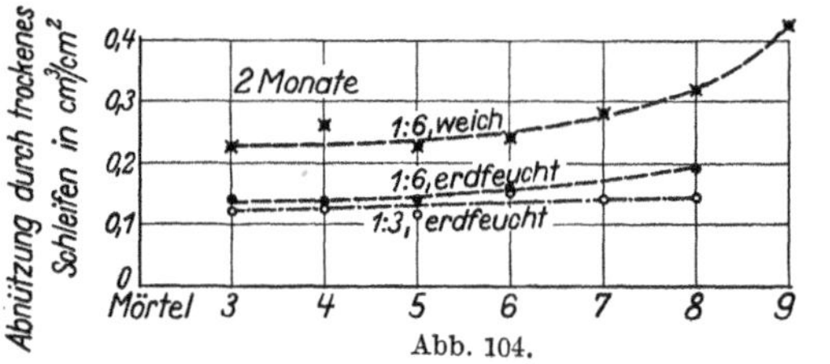

Abb. 104.

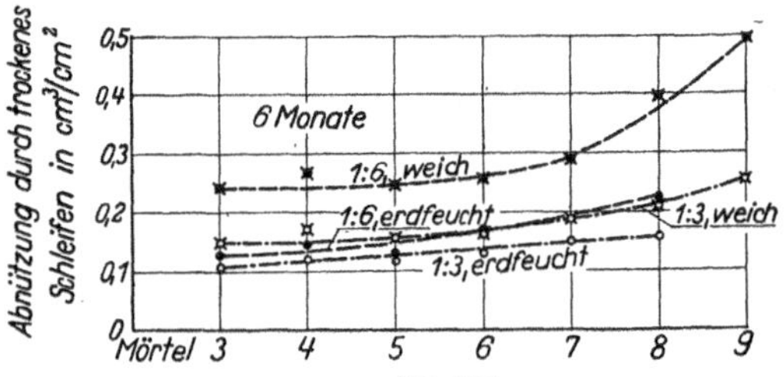

Abb. 105.

Abb. 104 und 105. Abnützung der in Abb. 27 bezeichneten Mörtel 3 bis 9 mit Rheinsand durch trockenes Schleifen nach Bauschinger. Alter: 2 und 6 Monate. Lagerung: 14 Tage unter feuchten Tüchern, dann an der Luft.

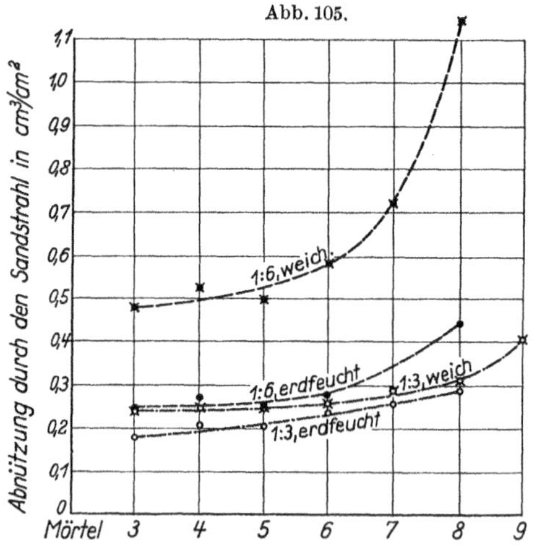

Abb. 106. Abnützung der in Abbild. 27 bezeichneten Mörtel 3 bis 9 mit Rheinsand durch den Sandstrahl. Alter: 8 Monate. Lagerung: 14 Tage unter feuchten Tüchern, dann an der Luft.

Diesen Darstellungen ist zu entnehmen, daß der Abnützwiderstand bei den weich angemachten Mischungen kleiner war als bei den erdfeucht angemachten. Wird wie früher die Kennziffer w des Zementbreis der-

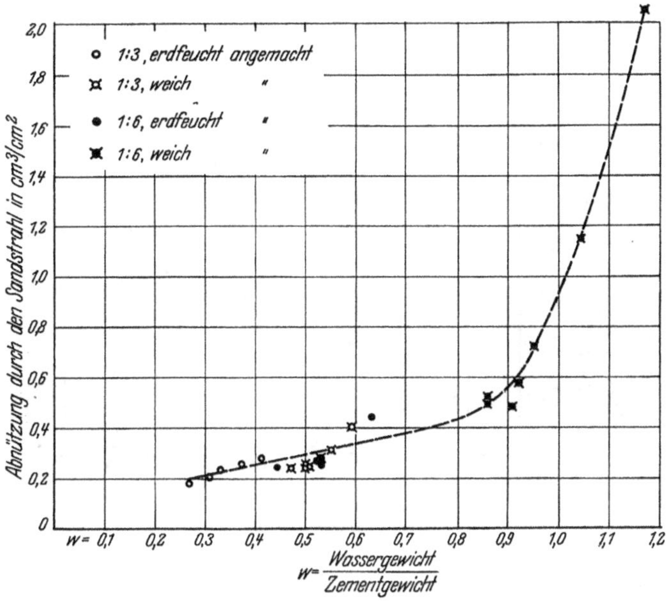

Abb. 107. Abhängigkeit der Abnützung der in Abb. 27 bezeichneten Mörtel 3 bis 9 mit Rheinsand von der Zusammensetzung des Zementbreis (Wasserzementfaktor w).

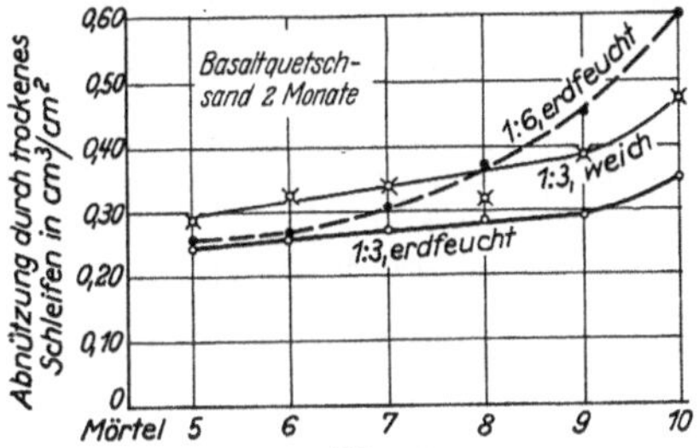

Abb. 108

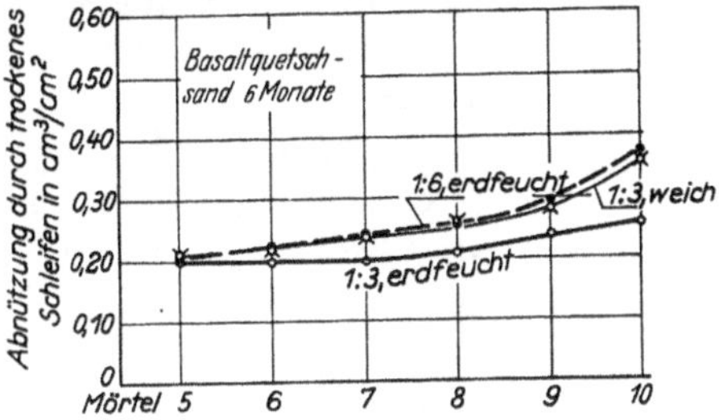

Abb. 109.

Abb. 108 und 109. Abnützung der in Abb. 27 bezeichneten Mörtel 5 bis 10 mit doppelt gebrochenem Basaltquetschsand durch Schleifen nach Bauschinger. Alter: 2 und 6 Monate. Lagerung: 14 Tage unter feuchten Tüchern, dann trocken.

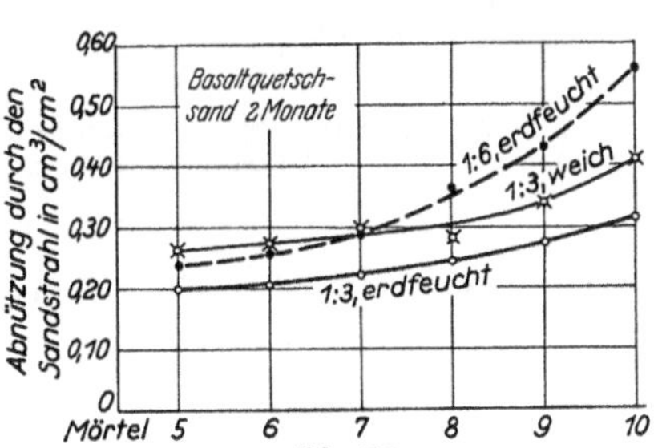

Abb. 110.

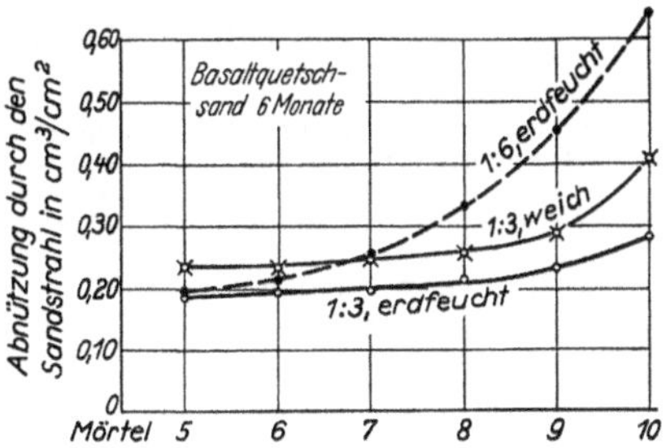

Abb. 111.

Abb. 110 und 111. Abnützung der in Abb. 27 bezeichneten Mörtel 5 bis 10 mit doppelt gebrochenem Basaltquetschsand durch den Sandstrahl. Alter: 2 bzw. 6 Monate. Lagerung: 14 Tage unter feuchten Tüchern, dann trocken.

Mörtel mit der beim Versuch gemessenen Abnützung in Beziehung gesetzt, so ergibt sich für die Versuche mit 8 Monate alten Proben im Sandstrahl die in Abb. 107 dargestellte Punktschar. Hiernach ist die Ab-

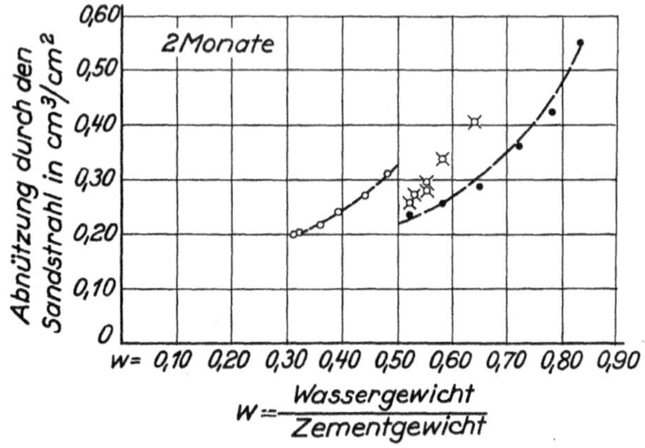

Abb. 112.

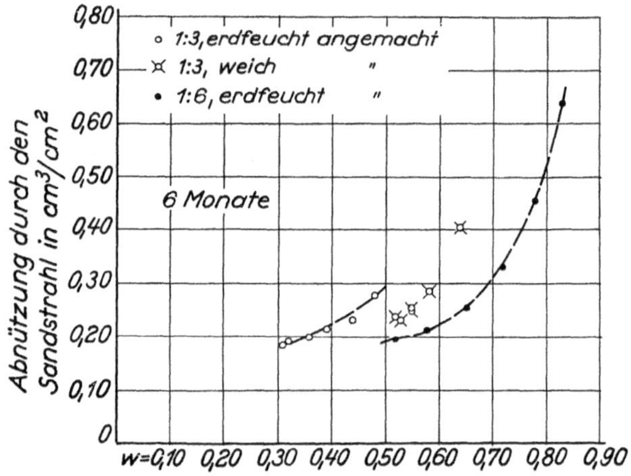

Abb. 113.

Abb. 112 und 113. Abhängigkeit der Abnützung der in Abb. 27 bezeichneten Mörtel 5 bis 10 mit doppelt gebrochenem Basaltquetschsand von der Zusammensetzung des Zementbreis (Wasserzementfaktor w).

nützung mit Zunahme von w größer geworden. Auch hier kommen wir zu der Forderung, den Wasserzusatz des Mörtels auf das Erforderliche zu beschränken.

Später ausgeführte Versuche mit Mörteln aus doppelt gebrochenem Basaltsand lieferten die in Abb. 108 bis 113 eingetragenen Ergebnisse; sie bestätigen das zu Abb. 104 bis 107 Gesagte.

3. Einfluß der Kornzusammensetzung des Sands auf den Abnützwiderstand des Zementmörtels.

Die Abb. 104 bis 106 geben Aufschluß über den Einfluß der Körnung von Rheinsand, die Abb. 108 bis 111 ebenso für Basaltquetschsand. Die Abnützung beim Schleifen und im Sandstrahl ist bei den Mörteln mit dem größeren Gehalt an feinen Teilen größer ausgefallen. Die feineren Mörtel verloren mehr Material, lieferten also den kleineren Abnützwiderstand.

Die Abb. 104 und 111 zeigen übereinstimmend, daß Mörtel, die hohen Abnützwiderstand liefern sollen, tunlichst grob, also mit möglichst gro-

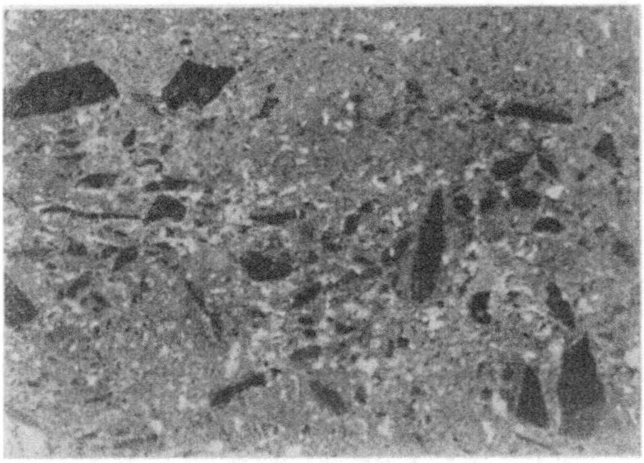

Abb. 114.

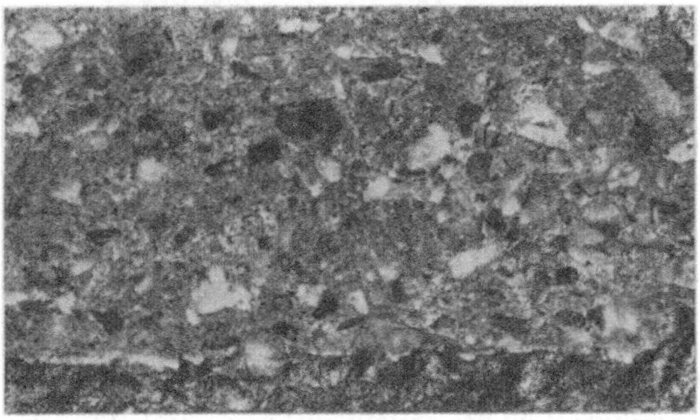

Abb. 115.

Abb. 114 und 115. Querschnitte von Gehwegplatten, mit unzweckmäßiger (Abb. 114) und mit zweckmäßiger Körnung (Abb. 115).

ßem Anteil groben Sands zu fertigen sind. Es ist immer wieder festzustellen, daß diese an sich nicht neue Feststellung sehr oft nicht beachtet wird. So ist in Abb. 114 der Querschnitt einer 4,5 cm hohen Gehwegplatte dargestellt, die an der wichtigsten Fläche (oben) nur feinen Mörtel enthielt und dementsprechend bei der Prüfung weit höhere Abnützung ergab als die Platte nach Abb. 115, die zweckmäßige Körnung aufwies.

Die Körnungen, welche bei den Druck- und Biegeversuchen als besonders gut zu bezeichnen waren (vgl. S. 28, sowie S. 87), haben sich auch bei der Prüfung auf Abnützung als hochwertig herausgestellt[1].

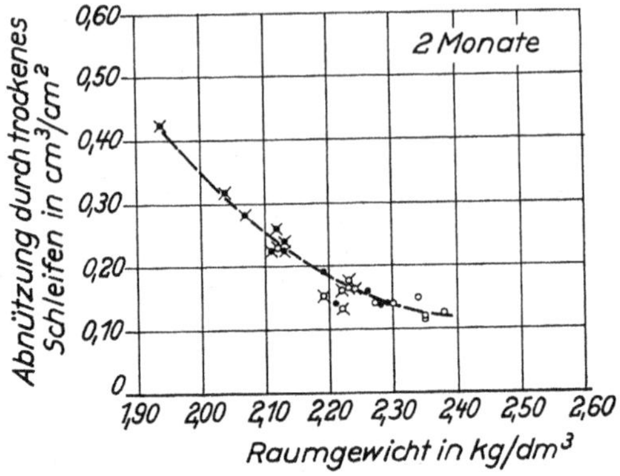

Abb. 116.

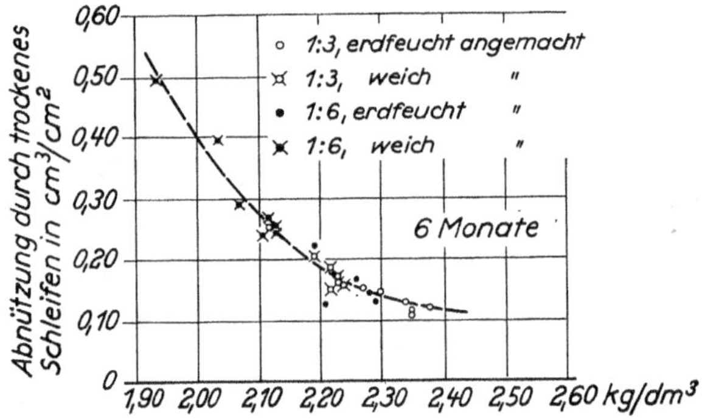

Abb. 117.

Abb. 116 und 117. Abhängigkeit der Abnützung von Mörteln mit Rheinsand vom Raumgewicht der Mörtel am Prüfungstag. Alter: 2 und 6 Monate. Lagerung: 14 Tage unter feuchten Tüchern, dann an der Luft.

Lehrreich ist weiter, daß die Abnützung unter sonst gleichen Umständen mit wachsendem Raumgewicht abnimmt, vgl. Abb. 116 und 117 (für Mörtel mit Rheinsand), sowie Abb. 118 und 119 (für Mörtel mit Basaltquetschsand). Zur Beurteilung sei auf das S. 59 u.f. Gesagte verwiesen.

---

[1] Wenn nach Abb. 104 bis 106 die Mörtel 3 und 4, vgl. Abb. 27, oder noch gröbere Mörtel als besonders geeignet zu empfehlen wären, so ist zu beachten, daß diese Mörtel schwer zu verarbeiten sind, überdies durchlässiger ausfallen als Mörtel 5, vgl. später S. 107.

4. Einfluß des Gesteins und der Menge der groben Zuschläge auf den Abnützwiderstand des Betons[1].

Zur Beurteilung der Ergebnisse ist zunächst zu bemerken, daß der Abnützwiderstand des Betons an den Außenflächen und im Innern in der Regel nicht gleich sein kann, weil der Anteil der groben Stücke an

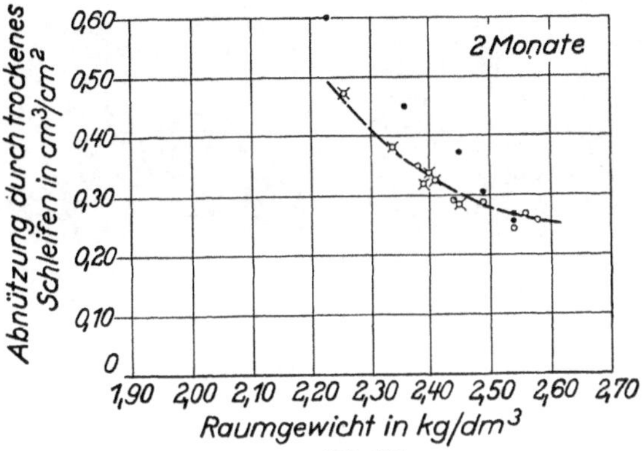

Abb. 118.

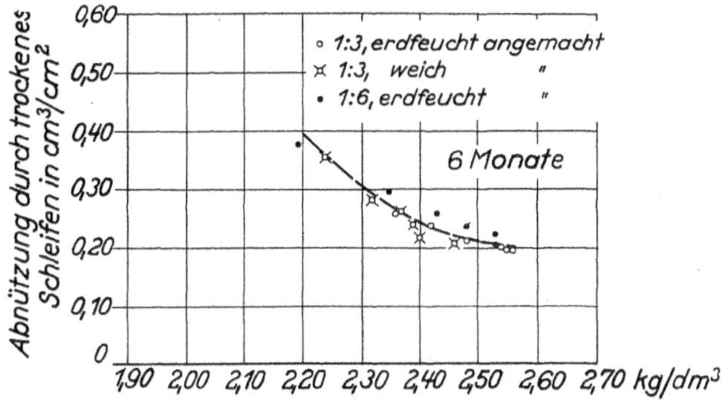

Abb. 119.

Abb. 118 und 119. Abhängigkeit der Abnützung von Mörteln mit doppelt gebrochenem Basaltquetschsand vom Raumgewicht der Mörtel am Prüfungstag. Alter: 2 und 6 Monate. Lagerung: 14 Tage unter feuchten Tüchern, dann an der Luft.

den Außenflächen kleiner ist. Um diesen Unterschied, der bei Abnahmeversuchen nicht immer gebührende Beachtung findet, zu zeigen, ist bei einer großen Versuchsreihe sowohl die Stampffläche als auch eine Schnittfläche, die durch Aussägen der Probekörper entstand, auf den Abnützwiderstand untersucht worden. An der Stampffläche wurden die groben Steine usf. allmählich angeschliffen (vgl. Abb. 120); an den Schnitt-

[1] Vgl. auch Zement 1928, S. 1464 u. f.

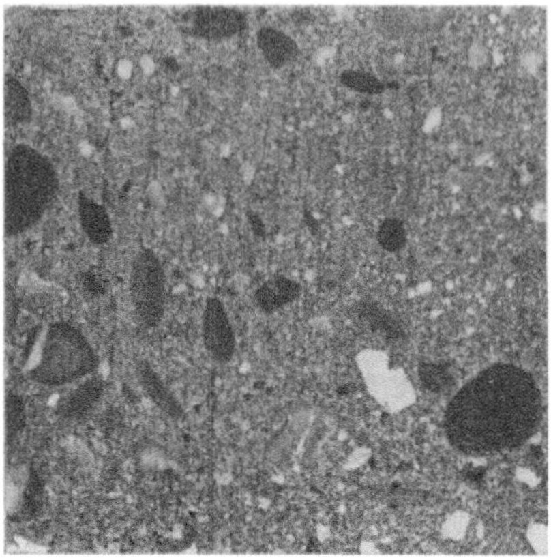

Abb. 120.
Abnützung nach 628 m Schleifweg 0,349

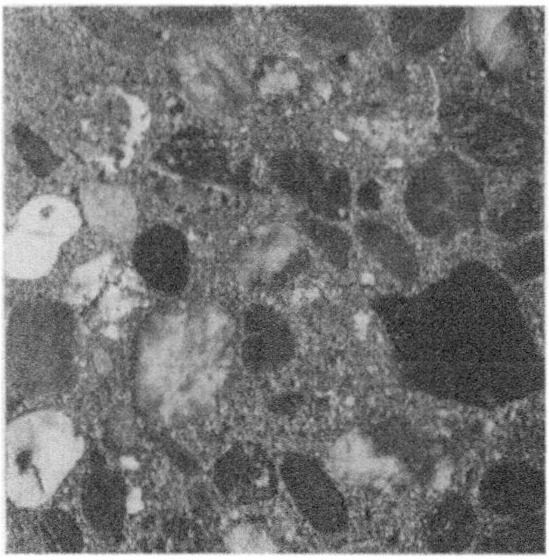

Abb. 121.
0,142 cm³/cm².

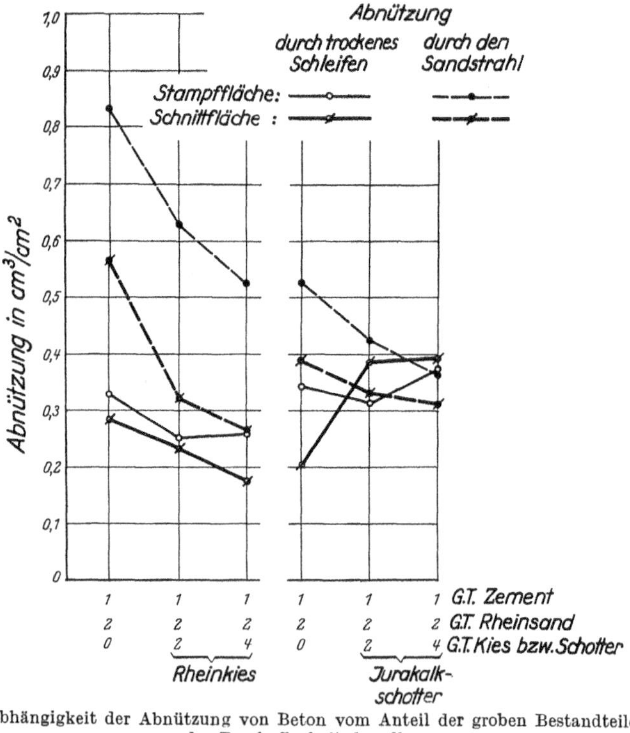

Abb. 122. Abhängigkeit der Abnützung von Beton vom Anteil der groben Bestandteile und von der Beschaffenheit derselben.

flächen erfolgte die Abnützung auf den vorher geschnittenen Steinen (vgl. Abb. 121). Im letzteren Fall fiel die Abnützung weit kleiner aus;

im Falle der Abb. 121 betrug sie an der Schnittfläche nur noch rund $^4/_{10}$ des Verlustes an der Stampffläche.

Selbstverständlich ist der Abnützwiderstand des Gesteins von erheblichem Einfluß.

Hierzu enthält Abb. 122 Beispiele. Durch Einlegen von Rheinkies in Zementmörtel (Abb. 122, links) wurde der Abnützwiderstand gegen Schleifen erheblich vergrößert, mit Jurakalksteinschotter (Abb. 122, rechts) aber verkleinert[1], abhängig von der Menge der groben Zuschläge[2]. Dementsprechend erhöhte bzw. verringerte sich der Widerstand mit Zunahme der Menge der groben Stücke[3].

Beton, der hohen Verschleißwiderstand erlangen soll, muß dementsprechend mit harten Zuschlägen und mit möglichst kleinem Sandgehalt hergestellt werden, selbstverständlich derart, daß bei ordentlicher Verarbeitung noch ein geschlossener Beton entsteht[4].

---

[1] Die Ergebnisse in Abb. 122 rechts weisen auf eine wichtige Lücke der Erkenntnisse über den Abnützwiderstand nichtmetallischer Baustoffe. Beim Abschleifen war der Mörtel widerstandsfähiger als der Beton; nach der Prüfung im Sandstrahl ist die Reihenfolge umgekehrt.

[2] Weitere lehrreiche Versuche, die mit Vorstehendem übereinstimmen, haben Probst u. Brandt mitgeteilt (Betonstraße 1929, S. 264).

[3] Abb. 122 erinnert, daß die Auswahl des Gesteins mit Sorgfalt zu pflegen ist, wenn es sich um die Erlangung hohen Abnutzwiderstands handelt. Zusammenstellung 16 gibt hierzu weiteren Aufschluß.

Zusammenstellung 16.

Bezeichnung	Druckfestigkeit kg/cm²	Abnützung (bei 628 m Schleifweg) cm³/cm²	Schlagarbeit cmkg/cm³
Basalt *S* (*M*)	3400	0,13	783
Basalt *E* (*M*)	3001	0,15	849
Basalt *R* (*M*)	2687	0,22	363
Porphyr *Do* (*M*)	2730	0,07	540
Melaphyr *M* (*M*)	2233	0,16	290
Granit *M* (*E*)	1888	0,16	161
Granit *R* (*E*)	1814	0,09	183
Jurakalk *U* (*U*)	2053	0,45	—
Muschelkalk *K* (*M*)	1794	0,45	210

Die Bestimmung der Druckfestigkeit fördert die Auswahl in der Regel nicht, vielmehr muß in erster Linie die Abnützung festgestellt werden. Z. B. sind die in der Tabelle angegebenen Granite in bezug auf die Druckfestigkeit nur unerheblich verschieden; dagegen wies der Granit *R* viel kleinere Abnützung auf als der Granit *M*. Weiter entnehmen wir den Zahlenreihen, daß Kalksteine in bezug auf die Druckfestigkeit Granit nicht nachstehen müssen, obwohl sie bedeutend geringeren Abnützwiderstand aufweisen.

[4] Vgl. auch Graf in Kleinlogel — Hundeshagen — Graf, Einflüsse auf Beton, Abschnitt Straßenbeton.

G. Wasserdurchlässigkeit des Zementmörtels und des Betons[1].

Die seit langer Zeit in Stuttgart übliche Versuchseinrichtung ist in Abb. 123 schematisch dargestellt. Der Wasserdruck wirkt auf der Fläche *ww*. An der Fläche *A* kann der Wasserdurchgang beobachtet und gemessen werden.

Abb. 124 und 125 zeigen einen der Stuttgarter Versuchsstände.

1. Einfluß des Zements auf die Wasserdurchlässigkeit des Betons[2].

Erfahrung und Versuch haben gezeigt, daß unter sonst gleichen Verhältnissen mit verschiedenen Zementen sehr verschiedene Wasserdurchlässigkeit erlangt wird. Z. B. ergab sich bei 6 cm starken Platten aus weich angemachtem Beton von 1 Raumteil Zement, 2 Raumteilen Beihinger Sand und 3 Raumteilen Beihinger Feinkies nach rund 4 Wochen feuchter Behandlung:

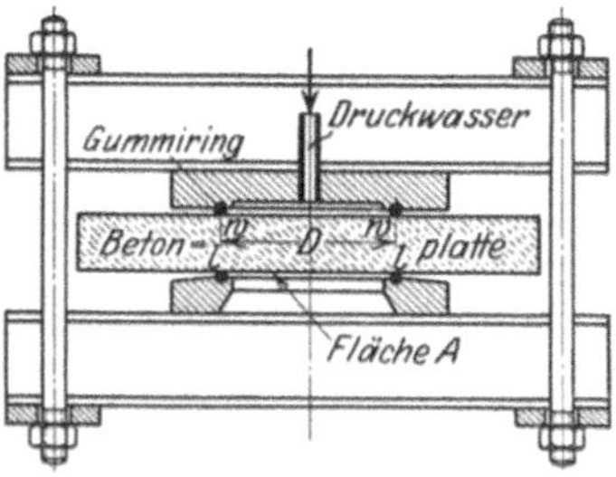

Abb. 123. Stuttgarter Einrichtung für die Prüfung von Mörtel und Beton auf Wasserdurchlässigkeit.

mit Zement „Bl" zahlreiche Wassertropfen an der unteren Plattenfläche unter dem Wasserdruck $p=1$ at,

mit Zement „Tu" ähnlich wie mit Zement „Bl", also Tropfenbildung unter $p=1$ at,

mit Zement „Bu" kein Wasserdurchgang unter $p = 90$ cm, 1, 2, 4, 6 und 7,5 at während je 24 Stunden,

mit Zement „L" kein Wasserdurchgang wie bei Verwendung von Zement „Bu".

Bei wichtigen Arbeiten ist hiernach Anlaß gegeben, den Zement durch besondere Versuche auszuwählen. Allgemein ist dabei zu beachten, daß Zemente mit höherer Normenfestigkeit und feinerer Mahlung unter sonst gleichen Verhältnissen in der Regel Mörtel mit größerem Raumgewicht, also Mörtel mit weniger Hohlräumen liefern. Weiter bevorzugt der Verfasser die Zemente, welche klebende, schleimige Mörtel liefern. Andere

[1] Eine umfassendere Darstellung der heutigen Erkenntnisse ist in Vorbereitung. Außerdem wird zur Zeit eine große Versuchsarbeit durchgeführt. Die bis 1928 ausgeführten Versuche sind in der Zeitschrift Zement 1928, S. 1663 u. f. kurz zusammengefaßt.

[2] Vgl. auch Entwurf und Berechnung von Eisenbetonbauten, Band 1, S. 41, sowie Zement 1928, S. 1663.

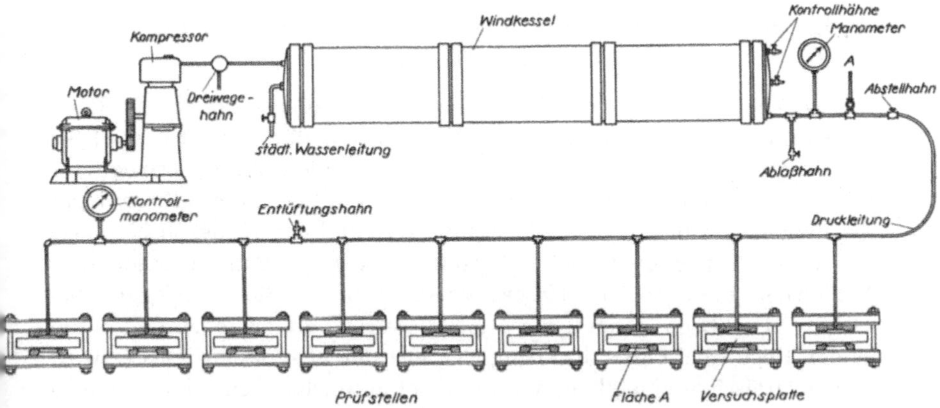

Abb. 124.

Abb. 125.

Abb. 124 und 125. Ein Teil der Stuttgarter Anlage zur Prüfung von Mörtel und Beton auf Wasserdurchlässigkeit.

Zemente liefern losere Mörtel und stoßen das beim Verarbeiten überschüssig werdende Wasser lebhaft ab; dabei entstehen mit gewissen Zementen Steigkanäle, die später die Wasserundurchlässigkeit erheblich beeinträchtigen können.

2. Einfluß des Wassergehalts auf die Wasserdurchlässigkeit des Betons.

Die Wasserdurchlässigkeit wird bei sachgemäß verarbeitetem Beton größer mit Zunahme der Menge des Anmachwassers[1]. Gußbeton wird bei gleichem Mischungsverhältnis durchlässiger als sorgfältig verarbeiteter Stampfbeton, der eben noch soviel Wasser enthält, als zu möglichst enger Zusammenlagerung der festen Bestandteile und des Zementbreis nötig ist, wobei auf hohe Gleichmäßigkeit im ganzen Bauteil besonderer Nachdruck zu legen ist. Unsere Versuche haben die Überlegung bestätigt. Praktisch können diese Bedingungen mit erdfeuchtem Beton in der Regel nicht gewährleistet werden; der angestrebte Erfolg wird sich zuverlässiger einstellen, wenn der Beton weich angemacht wird, also ein Beton hergestellt wird, der mit mäßiger Stampfarbeit fertiggemacht werden kann. In solchem Beton bildet der Zementbrei, der bei magerem Beton erhebliche Mengen staubfeinen Sand enthalten darf[2], unter günstigen Verhältnissen eine zähe, schleimige Masse, die für guten Anschluß der einzelnen Stampfschichten, auch für guten und starkwandigen Abschluß der Poren geeignet ist, und beim Setzen des Betons die Bildung von Steigkanälen durch das abgestoßene Wasser hintanhält.

Es fand sich beispielsweise für quadratische Platten von 6 cm Höhe aus 1 Raumteil Portlandzement, 2 Raumteilen Rheinsand und 3 Raumteilen Rheinkies:

erdfeucht angemacht: erste Tropfen unter $p = 1$ at und bei $p = 6$ at; eine Platte blieb noch bei 7,5 at undurchlässig,

weich angemacht: erste Tropfen bei $p = 1$ und $p = 2$ at, also im Mittel durchlässiger als die sorgfältig gestampften Platten aus erdfeucht angemachtem Beton,

gießfähig angemacht: erste Tropfen unter $p = 0{,}5$ at, somit noch durchlässiger als die Platten aus weichem Beton.

Soll also ein Bauwerk aus Beton bestimmter Druckfestigkeit und bestimmter Undurchlässigkeit geschaffen werden, so ist bei Verwendung von Gußbeton nicht allein in bezug auf die Druckfestigkeit, sondern auch hinsichtlich der Durchlässigkeit mit einer zementreicheren Mischung zu rechnen als bei Verwendung von Stampfbeton[3].

---

[1] Bauingenieur 1923, S. 225.

[2] Vgl. S. 31.

[3] Bei großen massigen Bauwerken, die dem Frost nicht ausgesetzt werden, muß auch die Witterungsbeständigkeit bei wiederholtem Gefrieren des wassersatten Betons gesichert sein. Näheres Beton und Eisen 1927, S. 250 u. 251.

3. Einfluß der Kornzusammensetzung des Sands auf die Wasserdurchlässigkeit des Zementmörtels[1].

Mit den in Abb. 27 bezeichneten Mörteln 3, 5, 7, 9 und 10 wurden in der Mischung 1 : 6 (Gewichtsteile) 4 cm starke Platten hergestellt und nach feuchter Lagerung in mehreren Alterstufen gemäß Abb. 124 u. 125 geprüft. Abb. 126 enthält Ergebnisse von Platten mit Rheinsand. Abb. 127 gilt für Platten mit doppelt gebrochenem Basaltquetschsand. Beide Abbildungen zeigen, daß Mörtel 5 die geringste Durchlässigkeit lieferte; der gröbere Mörtel 3 und die feineren Mörtel 7, 9 und 10 waren durchlässiger. Vom Mörtel 5 ausgehend, stieg der Wasserdurchgang mit Zunahme des Anteils der feinen Bestandteile des Mörtels.

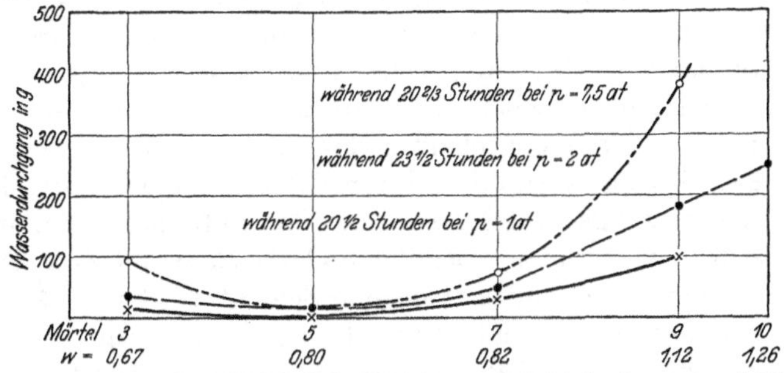

Abb. 126. Wasserdurchlässigkeit der Mörtel aus 1 G. T. Portlandzement und 6 G. T. Rheinsand, weich angemacht. Beginn der Prüfung im Alter von 32 Tagen.

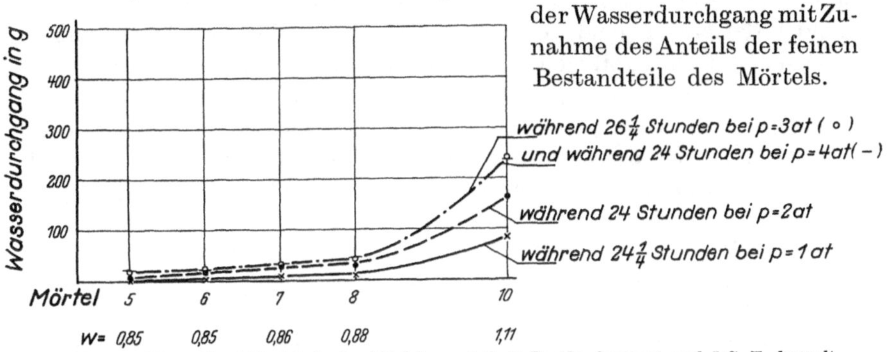

Abb. 127. Wasserdurchlässigkeit der Mörtel aus 1 G. T. Portlandzement und 5 G. T. doppelt gebrochenem Basaltquetschsand, weich angemacht. Beginn der Prüfung im Alter von 33 Tagen.

Wie S. 30 u. 87 ausführlich erörtert, gab Mörtel 5 besonders hohe Druck- und Biegefestigkeiten. Durch die Feststellungen in Abb. 126 und 127 wird weiterhin gezeigt, daß der Mörtel 5 nicht bloß zur Erlangung hoher Druck- und Biegefestigkeiten, sondern auch für die Herstellung undurchlässiger Mörtel zu empfehlen ist.

Weitere Versuche erstreckten sich auf den Einfluß der Kornform (Moränesand, Flußsand, Quetschsand). Rauhe, langsplittrige Quetschsande lieferten bei gleichem Zementaufwand erheblich durchlässigere Mörtel als Moränesande und Flußsande. Die letzteren waren ungefähr gleichwertig.

---

[1] Vgl. auch Zement 1928, S. 1663 u. f.

H. Schwinden und Quellen des Zementmörtels und des Betons[1].

Daß Körper aus Zementmörtel und aus Beton beim Austrocknen in der Regel schwinden, bei Lagerung unter Wasser quellen, ist seit langer Zeit aus Erfahrung und Versuch bekannt. Werden feucht gelagerte Betonkörper dem Austrocknen ausgesetzt, so beginnt das Austrocknen an den Außenflächen und schreitet je nach der Porenbeschaffenheit des Betons, den Eigenschaften des Zements, Sands, Schotters usw., dem Feuchtigkeitszustand und der Temperatur der Luft, der Richtung und Geschwindigkeit der Bewegung der Luft mehr oder minder rasch von außen nach innen vor. Es bildet sich damit eine allmählich stärker werdende, nahezu lufttrockene Schicht an den Außenflächen, während der Kern noch feucht ist und das dazwischen liegende Material einen entsprechend verschiedenen Zustand aufweist. Der trockene Beton an der Oberfläche will sich verkürzen, der feuchte Kern nicht. Deshalb entstehen Zugspannungen an den Außenflächen, Druckspannungen im Kern. Überschreiten die Zugspannungen die Zugfestigkeit des Betons, so entstehen die sogenannten „Schwindrisse", von außen nach innen mehr oder minder tief eindringend, in erster Linie von Stellen mit Ausführungsmängeln, z. B. Stampffugen ausgehend, an Stellen erhöhter Anstrengung beginnend, z. B. an Aussparungen, Mauerabsätzen usw. Mit fortschreitendem Austrocknen, das sich schon bei Prismen mit 400 cm² Querschnitt in geheizten Lagerräumen über mehrere Monate erstreckt, wird auch der Kern allmählich zum Schwinden gebracht, die Zugspannungen an den Außenflächen treten zurück, die Schwindrisse schließen sich unter gewissen Umständen wieder so, daß sie mit bloßem Auge nicht mehr erkennbar sind. Bei wechselndem Feuchtigkeitszustand folgt erneutes Öffnen und Schließen der Risse. Die Risse können sich durch wiederholtes Gefrieren des nassen Betons erweitern. Unter bestimmten Verhältnissen entstehen Schäden von Bedeutung[2].

1. Einfluß des Zements auf das Schwinden und Quellen des Zementmörtels und Betons.

An den durch Feuchtigkeitswechsel entstehenden Raumänderungen des Zementmörtels und des Betons ist der Zement in erster Linie beteiligt, weil die Raumänderungen des natürlichen Gesteins allein in der

[1] Vgl. auch Heft 295 der Forschungsarbeiten auf dem Gebiete des Ingenieurwesens, S. 35, sowie Handbuch für Eisenbetonbau, 4. Aufl., 1. Band, S. 32 u. f. Über amerikanische Versuche vgl. bei Hatt u. Mills, Bulletin 34 der Engineering Experiment Station, Purdue University, 1928.

[2] Vgl. z. B. Schaechterle, Bautechnik 1928, S. 526 u. f.

Regel viel kleiner sind als diejenigen des Zementsteins (des erhärteten Zementbreis). Verschiedene Zemente können sehr verschiedene Raumänderungen liefern. Die Auswahl der Zemente sollte in wichtigen Fällen durch besondere Versuche geschehen, bei denen die Vorgänge, welche die vorgesehene Verarbeitung begleiten, zu berücksichtigen sind.

2. Einfluß des Wassergehalts auf das Schwinden und Quellen des Zementmörtels und des Betons.

Mit hohem Wassergehalt angemachter Beton schwindet nach den bisher vorliegenden Beobachtungen zuerst langsamer, erreicht jedoch nach einiger Zeit die gleichen Raumänderungen wie Beton mit kleinem

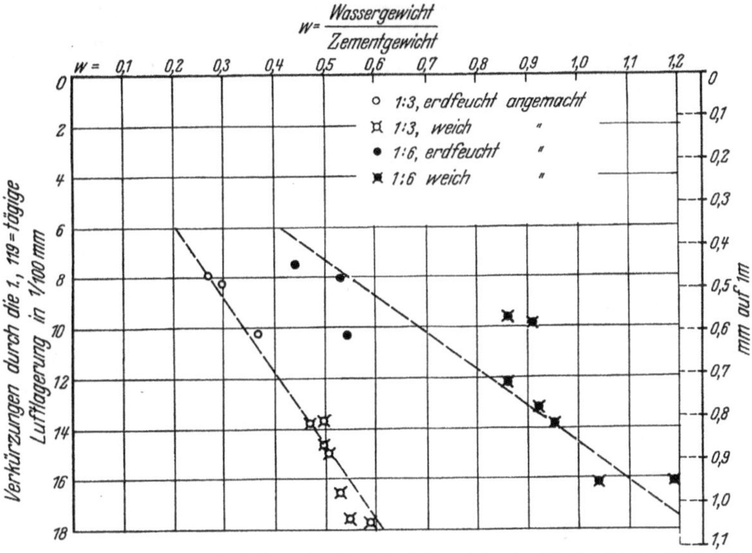

Abb. 128. Abhängigkeit des Schwindens der in Abb. 27 bezeichneten Mörtel 3 bis 9 mit Rheinsand vom Wasserzementfaktor w. Länge der Prismen 170 mm. Lagerung: 7 Tage unter feuchten Tüchern, dann 119 Tage an der Luft. Einfluß des Wassergehalts des frischen Mörtels auf das Schwinden von Mörteln verschiedener Kornzusammensetzung bei Luftlagerung.

Wasserzusatz und überschreitet diese später. Bei Versuchen mit den in Abb. 27 angegebenen Mörteln fand sich bei gleichem Zementgehalt ungefähr Proportionalität zwischen dem Wasserzementfaktor und dem Schwindmaß, wie Abb. 128 dartut. Je wasserreicher der Zementbrei zum Verarbeiten des Betons hergestellt wurde, um so größer wurde das Schwindmaß.

Im Falle der Abb. 128 ist die Messung nach dem Abbinden begonnen worden. Beim Abbinden schrumpft Beton mit großem Wasserzusatz erheblich, erdfeucht angemachter Beton nur unerheblich[1].

[1] Vgl. Heft 295 der Forschungsarbeiten auf dem Gebiete des Ingenieurwesens, S. 35 u. f.

3. Einfluß des Gesteins auf das Schwinden und Quellen des Betons.

Der Zementstein führt beim Austrocknen weit größere Raumänderungen aus als die meist verwendeten Natursteine. Infolgedessen wird im Beton das Schwinden und Quellen des Zements durch die eingebetteten

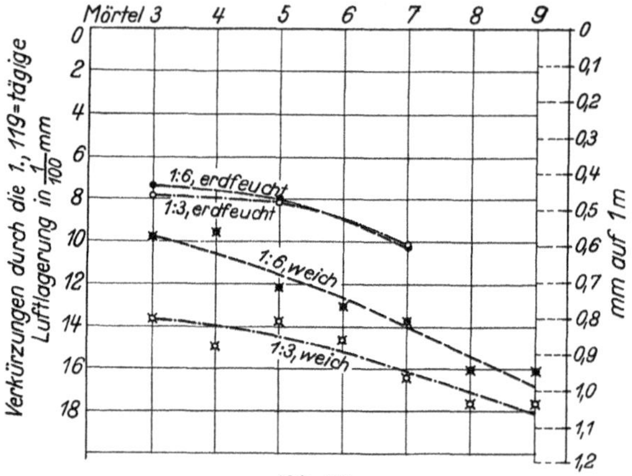

Abb. 129.

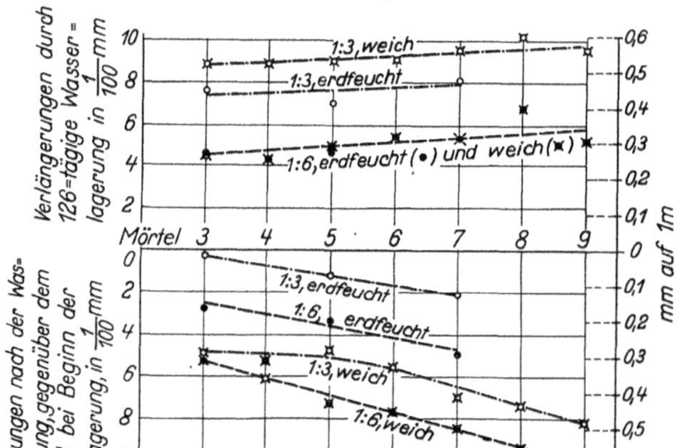

Abb. 130.

Abb. 129 und 130. Schwinden und Quellen der in Abb. 27 bezeichneten Mörtel 3 bis 9 mit Rheinsand. Lagerung: 7 Tage unter feuchten Tüchern, 119 Tage trocken, 126 Tage unter Wasser, schließlich 126 Tage trocken. Länge der Prismen 170 mm.

Steine (Sand, Kies usf.) gehindert, um so mehr, je weniger nachgiebig das Gestein ist. Es entstehen innere Spannungen durch das verschiedene Verhalten des Zements und des Gesteins, und zwar beim Austrocknen Zug m Zement, Druck im Gestein; beim Durchfeuchten ist es umgekehrt.

Nach außen machen sich diese Vorgänge derart geltend, daß der Beton mit den weniger nachgiebigen Gesteinen weniger schwindet und weniger quillt[1]. Entsprechend macht sich die Menge des groben Gesteins geltend.

4. Einfluß der Kornzusammensetzung des Sands auf das Schwinden und Quellen des Zementmörtels.

Mit den in Abb. 27 angegebenen Mörteln 3 bis 9 wurden Prismen hergestellt, die nach anfänglicher feuchter Behandlung während 119 Tagen trocken, dann während 126 Tagen unter Wasser lagerten, schließlich wieder trocken aufbewahrt wurden. Dabei sind die Längenänderungen der Achse der Prismen verfolgt worden. Die wichtigsten Ergebnisse sind in den Abb. 129 und 130 dargestellt.

In allen Fällen hat der Mörtel 3, d. i. der Mörtel mit dem kleinsten Anteil der feinen Sande, die kleinsten Längenänderungen geliefert. Mit Zunahme des Anteils der feinen Sande, in der Reihenfolge der Bezeichnung der Mörtel 3 bis 9 (vgl. Abb. 27), sind die Längenänderungen größer geworden. Gröbere Mörtel schwinden hiernach im untersuchten Bereich weniger als feinere.

I. Widerstand des Zementmörtels und des Betons gegen chemischen Angriff.

Bei der Herstellung von Beton, der hohen Widerstand gegen chemischen Angriff bieten soll, sind zu beachten

a) die chemischen und physikalischen Eigenschaften der Zemente,

b) die chemischen und physikalischen Eigenschaften der Zuschlagstoffe, insbesondere auch die Körnung der letzteren,

c) der Zementgehalt,

d) der Einfluß von Zusätzen (Traß usf.) in bezug auf ihre chemische und physikalische Wirkung,

e) der Wassergehalt des frisch verarbeiteten Betons.

Im wesentlichen liegt die Aufgabe vor, das Eindringen der angreifenden Stoffe in den Beton zu hindern. Hierzu sei auf Abschnitt G, S. 104 u. f. verwiesen. Weiteres wird in einer besonderen Arbeit dargelegt[2].

---

[1] Näheres Bautechnik 1926, S. 516 u. f.

[2] Die Erkenntnisse über die Bedeutung des Aufbaus des Zementmörtels und des Betons für den Widerstand gegen chemischen Angriff lassen sich zur Zeit im Rahmen dieses Buchs nicht ausreichend erörtern; es sei deshalb auf die Bücher Graf u. Göbel, Schutz der Baustoffe gegen chemische und physikalische Angriffe, Berlin 1930, Grün, Der Beton, Berlin 1926, ferner Kleinlogel — Hundeshagen — Graf, Einflüsse auf Beton, 3. Aufl., Berlin 1929, verwiesen.

K. Zur Anwendung der Erkenntnisse.

Nach den Mitteilungen unter A bis H kann die zweckmäßige Zusammensetzung des Mörtels und des Betons, auch die Geeignetheit verschiedener Sande, Kiese usf. nach dem Ergebnis des Siebversuchs weitgehend beurteilt werden; auch ist es möglich, nach solchen Versuchen für die Abnahme der Rohstoffe eindeutige Vereinbarungen zu treffen. Für Probemischungen kann nach Ermittlung des Wasserzementfaktors die voraussichtliche Mindest- und Höchstdruckfestigkeit geschätzt werden, wenn die Normenfestigkeit des Zements hinreichend bekannt ist[1]. Wie dabei verfahren werden kann, wird S. 123 u. f. an zwei Beispielen erläutert.

Bei solchen Untersuchungen ist die Verarbeitbarkeit des Mörtels und des Betons zu wählen, wie sie bei der Bauausführung nötig ist. Die gewählte Konsistenz muß so angegeben werden, daß sie später mit andern Proben wieder hergestellt und durch Messung bestätigt werden kann. Wie dabei vorzugehen ist und welche Hilfsmittel für solche Prüfungen zur Verfügung stehen, ist S. 132 u. f. beschrieben.

Die Untersuchungen, die der Verfasser empfiehlt, sind möglichst einfach gewählt. Manches, was von anderer Seite darüber hinaus vorgeschlagen ist, gibt Veranlassung, daß die Materialuntersuchungen überhaupt unterbleiben. Erfahrungsgemäß genügen die Feststellungen nach 1, c und 2, d, S. 123 u. 137 für die meisten Baustellen.

Für die tägliche Arbeit auf der Baustelle muß das erforderliche Gerät in geeigneter, leicht ersetzbarer Art zur Verfügung stehen. Anregungen hierzu sind S. 141 u. f. wiedergegeben.

Mit den beschriebenen Versuchen kann die Ermittlung des Einstampfgrads, überhaupt die Feststellung des Materialbedarfs verbunden werden. Vgl. S. 139 u. f.

Überdies kann die Sache, um die es sich im vorliegenden Buch handelt, durch Anschauung und Unterricht gefördert werden. S. 144 u. f. ist auf die vom Verfasser benutzten Hilfsmittel eingegangen, soweit sie vorher nicht beschrieben sind.

1. Siebversuch. Noch zulässige Zuschlagstoffe. Sand und Kies für besonders guten Beton. Vorausbestimmung der Druckfestigkeit.

a) Siebversuch. Großer und kleiner Siebsatz. Siebeinrichtungen besonderer Art.

Zur ausführlichen Untersuchung der Körnung von Sand, Kies usf. dient der Siebsatz nach Abb. 131 u. 132 (sogenannter großer Siebsatz). Er besteht aus neun Rahmen, die passend aufeinandersitzen. Der oberste

[1] Vgl. S. 16, Fußbemerkung.

Rahmen enthält ein Sieb mit 50 mm Lochdurchmesser, der zweite mit 30 mm Lochdurchmesser; in den weiteren Rahmen sind Siebe mit 15, 7, 3 und 1 mm Lochdurchmesser; dann folgt ein Sieb mit 0,2 mm Maschenweite; dieses sitzt in dem Aufhängerahmen; ganz unten ist ein abnehmbarer Rahmen mit Boden, auf dem das Staubfeine liegen bleibt, welches durch das Sieb mit 0,2 mm Maschenweite fällt[1].

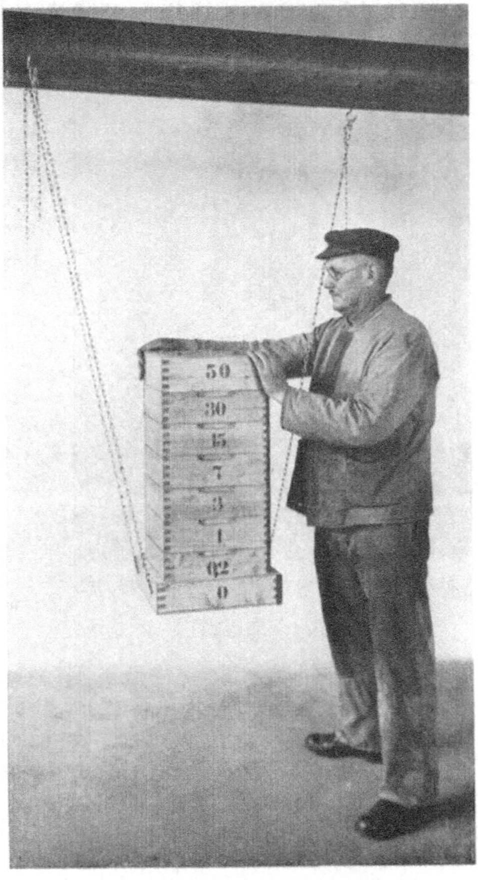

Abb. 131. Siebsatz zur Feststellung der Kornzusammensetzung von Sand, Kies usf. (Modell Stuttgart 1929.)

Das Material zu den Siebversuchen wird an verschiedenen Stellen einer Lieferung aus einem gut gemischten, flach ausgebreiteten Haufen entnommen und auf einem Blech oder Papier an der Luft, in eiligen Fällen auf einem geheizten Blech getrocknet. Aus dem trockenen wiederholt gemischten und ausgebreiteten Material werden an verschiedenen Stellen insgesamt 5000 g entnommen und in den Siebsatz oben eingeworfen. Dann beginnt das Sieben in stoßweise rüttelnden Bewegungen nach Abbild. 131. Durch Augenschein wird verfolgt, ob das Sieben auf dem gröbsten Sieb erledigt ist. Dann kann dieses Sieb abgenommen werden, was die weitere Arbeit erleichtert. In dieser Weise wird fortgefahren, bis das Sieben erledigt ist. Bei den feineren Sieben ist jeweils vor dem Abstellen der einzelnen Siebe durch Nachsieben über einem hellen Papier nachzuprüfen, ob noch nennenswerte Mengen durchfallen, die dann auf das nächste Sieb zu bringen sind. Beim Wiegen wird zuerst der Rückstand auf dem gröbsten Sieb festgestellt, dann der-

[1] Der Siebsatz wird auf Wunsch durch die Materialprüfungsanstalt an der Technischen Hochschule Stuttgart besorgt.

jenige vom nächsten Sieb zugeschüttet usf., so daß jeweils das gesamte über dem betreffenden Sieb gebliebene Material gewogen wird.

Dieser Siebversuch wird mindestens zweimal, besser dreimal ausgeführt, um etwaige Mängel der Probenahme nach Möglichkeit auszugleichen.

Zusammenstellung 17 enthält das Ergebnis der Siebversuche mit Stoffen, die unter c), S. 123 u.f., näher besprochen sind, und zwar nach einem Schema, das in Stuttgart üblich ist[1]. Die Zahlenreihen zeigen, daß die Ergebnisse der einzelnen Versuche auch bei sachgemäßer Arbeit Abweichungen vom Mittelwert aufweisen, die nicht unerheblich sind. Deshalb sollten stets mindestens 2, besser 3 Siebversuche gemacht werden, wie bereits empfohlen.

Abb. 132. Teile des Siebsatzes nach Abb. 131.

Abb. 133. Kleiner Siebsatz zur Ermittlung des Sandgehalts von Kiessand usf., sowie des Betonfeinsands im Betonsand.

Für die Kontrolle von Sand, Kies usf. auf der Baustelle genügt der sogenannte kleine Siebsatz (Abb. 133), aus zwei Sieben bestehend, mit 1 und 7 mm Lochdurchmesser. Durch das 1-mm-Sieb fällt der Betonfeinsand, durch das 7-mm-Sieb der Betonsand.

b) Noch zulässige Zuschlagstoffe. Sand und Kies für besonders guten Beton.

Bei der Wahl der zulässigen Grenzen für die Körnung der Zuschlagstoffe (Sand, Kies usf.) sind die technischen und wirtschaftlichen Erfordernisse zu berücksichtigen.

---

[1] Die Siebe mit 12, 25 und 40 mm Lochdurchmesser sind neuerdings durch solche mit 15, 30 und 50 mm ersetzt, entsprechend den Vereinbarungen im Deutschen Ausschuß für Eisenbeton und in Übereinstimmung mit den Vorschriften der Deutschen Reichsbahn. Diese Änderung ist gegenüber der bisherigen Einteilung praktisch in der Regel unerheblich.

Zusammenstellung 17. Siebversuch und Raumgewicht

Firma .... Auftrag Nr. ....

Je 3 Versuche mit 5 kg.

Versuch	Rückstand auf dem Sieb mit 0,2 mm Maschenweite	1	3	7	12	25	40
		mm Lochdurchmesser					
	Bezeichnung: Baggerkies K.						
1. Versuch	4513	3168	2041	1225	820	496	416 g
2. ,, ...	4561	3271	2230	1498	1154	841	598 g
3. ,, ...	4552	3173	2011	1187	834	515	303 g
Durchschnitt . . .	4542	3204	2094	1303	936	617	439 g
	90,8	64,1	41,9	26,1	18,7	12,3	8,8 vH
Gesamter Durchfall	9,2	35,9	58,1	73,9	81,3	87,7	91,2 vH
Durchfall vom Sand	12,4	48,6	78,6	100	—	—	— vH

10 l Gesamtmaterial, lose eingefüllt, wiegen (18,7 + 18,7 + 18,8) : 3 = 18,7 kg (Raumgewicht 1,87).

Versuch	0,2 mm	1	3	7	12	25	40
	Bezeichnung: Baggerkies S.						
1. Versuch	3891	421	179	91	13	0	— g
2. ,, ...	3877	510	146	79	20	0	— g
3. ,, ...	3926	605	169	61	11	0	— g
Durchschnitt . . .	3898	512	165	77	14	0	— g
	78,0	10,2	3,3	1,5	0,3	0	— vH
Gesamter Durchfall	22,0	89,8	96,7	98,5	99,7	100	— vH
Durchfall vom Sand	22,3	91,2	98,2	100	—	—	— vH

10 l Gesamtmaterial, lose eingefüllt, wiegen (16,0 + 15,8 + 15,9) : 3 = 15,9 kg (Raumgewicht 1,59).

Versuch	0,2 mm	1	3	7	12	25	40
	Bezeichnung: Basaltsplitt.						
1. Versuch	4937	4905	4850	4595	3586	278	45 g
2. ,, ...	4957	4867	4815	4487	3455	254	8 g
3. ,, ...	4899	4892	4792	4508	3352	382	12 g
Durchschnitt . . .	4931	4888	4819	4530	3464	305	22 g
	98,6	97,8	96,4	90,6	69,3	6,1	0,4 vH
Gesamter Durchfall	1,4	2,2	3,6	9,4	30,7	93,9	99,6 vH
Durchfall vom Sand	14,9	23,4	38,3	100	—	—	— vH

10 l Gesamtmaterial, lose eingefüllt, wiegen (13,1 + 13,2 + 13,2) : 3 = 13,2 kg (Raumgewicht 1,32).

Im Laboratorium ist bei wichtigen Anlässen nicht selten eine weitgehende Aufarbeitung von Sand und Kies nötig. In solchen Fällen ist die Handsiebung zu teuer. Deshalb wird in Stuttgart seit einigen Jahren für Trennung von Sand im trockenen Zustand eine Maschine nach Art der Abb. 134 benutzt. Die Siebe nach Abb. 131 werden rechts und links eingesetzt, dann stoßweise wagrecht hin und her bewegt, überdies durch

Drahtzüge abwechselnd nach rechts und links geneigt. In neuerer Zeit ist die Maschine nach Abb. 135 hinzugetreten, die Herr Dr.-Ing. Schneider (Excelsior-Maschinenbaugesellschaft Stuttgart) für unsere Aufgaben bauen ließ.

Beide Einrichtungen haben sich bewährt.

Die natürlichen Vorkommen sind selten derart beschaffen, daß sie ohne weiteres für guten Beton geeignet erscheinen. Der Sandgehalt wird häufig zu groß, auch oft zu klein angetroffen, ist überdies in den Gewin-

Abb. 134. Siebmaschine der Materialprüfungsanstalt Stuttgart (Bauart Kaufmann).

nungsstellen mehr oder minder wechselnd. Dementsprechend ist immer wieder zu empfehlen, Sand und Kies zu trennen, wenn der Sandgehalt des Betons in bestimmten Grenzen bleiben soll. Nach Trennung von Sand und Kies und durch geregelte Zusammensetzung auf der Baustelle kann Beton geschaffen werden, der in bezug auf Regelmäßigkeit höherwertiger ist als Beton, der aus dem in der Grube anfallenden Kiessandgemisch entsteht[1].

[1] Vgl. z. B. S. 2 u. f., ferner Bauingenieur 1927, S. 916 u. f. — In dem Entwurf der Bestimmungen für die Ausführung massiver Brücken ist dementsprechend folgendes verlangt: „Sand und gröbere Zuschlagstoffe sind getrennt anzuliefern und entsprechend der durch Vorversuche festgestellten Kornzusammensetzung zu mischen.“

Weiter ist bekannt, daß die natürlichen Sande in großer Mannigfaltigkeit vorkommen. Betonsande mit viel Feinsand erfordern zur Erlangung einer bestimmten Festigkeit viel mehr Zement als Betonsande, die so zusammengesetzt sind, daß sie Mörtel gemäß Abb. 25 liefern; außerdem werden sie durchlässiger, schützen infolgedessen auch das eingebettete Eisen weniger als gute Mörtel; auch das Schwinden und Quellen wird größer.

Abb. 135. Wasch- und Siebmaschine, geliefert von der Excelsior-Maschinenbaugesellschaft Stuttgart für die Materialprüfungsanstalt Stuttgart.

An Hand von Versuchen, wie sie im vorliegenden Buch wiedergegeben sind, kann erkannt werden, was technisch wünschenswert ist. Z. B. zeigen die Abb. 31 und 32, daß die Druckfestigkeit der Mörtel gegenüber dem Höchstwert in der Regel bedeutend fällt, wenn die Körnung feiner als etwa nach Linie 7 der Abb. 27 gewählt wird, daß das Schwinden und die Abnützung in stärkerem Maße zunimmt usf., wenn feinerer Mörtel als derjenige nach Linie 7 der Abb. 27 Verwendung findet. Außerdem ist wiederholt hervorgehoben worden (z. B. S. 28 u. 35), daß gröbere Mörtel als nach den Linienzügen der Abb. 25 nicht zu empfehlen sind.

Welche Bedingungen für die Körnung der Sande, Kiese usf. wirtschaftlich vertreten werden können, ist nach Feststellung der Körnung der wichtigsten natürlichen Vorkommen zu entscheiden. Zur Beurteilung der deutschen Verhältnisse liegen viele Versuche vor[1]. Außerdem haben der deutsche Betonverein und der Bund der Sand- und Kieswerke durch Besichtigungen und Besprechungen Gelegenheit gegeben, das Mögliche zu erkunden. Hiernach sind die wichtigsten zur Zeit benutzten Vorkommen in den verschiedenen Gebieten des Reichs sehr verschieden. Unter anderem ist es in Oberschwaben[2], am Lech, an der Donau möglich, vorzü[illegible]e aus natürlichen Vorkommen bereitzustellen, wobei gleichzeitig Splitt für Teerstraßen, Filterkies, Straßen- und Gleiskies anfällt[3]. Auch am Rhein kann weitgehenden Forderungen entsprochen werden, wenn die vorhandenen Einrichtungen zweckmäßig benutzt werden. In anderen Bezirken, z. B. bei Berlin, hat schon die Erfahrung gezeigt, daß die meisten Kiessande in ihrer natürlichen Beschaffenheit zu Eisenbeton nicht verwendet werden sollten, vielmehr einer Ergänzung bedürfen, die üblicherweise durch Zusatz von Kies, Betonfeinschotter, gebrochenen Betongrobsand erfolgt.

Aus Erwägungen solcher Art hat der Baukontrollausschuß des Deutschen Betonvereins in Verbindung mit dem Verfasser beschlossen, als Mindestforderung für Sand und Kies zu Eisenbeton folgendes zu empfehlen:

„Die Kornzusammensetzung des Sandes ist besonders gut, wenn der Feinsandanteil 10 bis 30 vH, der Grobsandanteil 90 bis 70 vH beträgt.

Das Betongemenge ist verbesserungsbedürftig, wenn von dem gesamten Zuschlagsgemenge nicht mindestens 20 vH auf dem 7-mm-Lochsieb liegen bleiben, und wenn von dem Durchgang durch das 7-mm-Lochsieb nicht mindestens 30 vH auf dem 1-mm-Lochsieb liegen bleiben."

Zusammenfassend ergibt sich, daß

a) Zementmörtel mit Flußsand, Moränesand und gleichwertigen Sanden nicht gröber sein soll als nach Linie 5 der Abb. 27,

b) daß Mörtel für hochwertige Arbeiten nicht feiner sein soll als nach Linie 7 der Abb. 27,

c) daß der Betonsand nach den Leitsätzen des Betonvereins nicht mehr als 70 vH Betonfeinsand enthalten soll.

Weiter ist bekannt, daß

d) der Mörtelgehalt von gutem Kiesbeton in der Regel nicht weniger als rund 45 vH betragen darf (vgl. Abb. 15 u. 16, sowie S. 50 u. f.),

---

[1] Vgl. u. a. Graf, Bauingenieur 1927, S. 916 u. f.

[2] Vgl. Schächterle, Beton und Eisen 1929, S. 361 u. f.

[3] Die Fabrikanlage der Gebrüder Weinzierl in Ingolstadt an der Donau ist hier als neues Werk und als besonders bemerkenswert hervorzuheben. Vorbildliche Aufbereitungsanlagen sind nicht mehr selten, auch in Werken, die gebrochenes Material verwenden.

e) daß in besonders gutem Beton in der Regel nicht mehr als 65 vH Mörtel nötig und erwünscht sind,

f) daß der Kiessand nach den Leitsätzen des Betonvereins nicht mehr als 80 vH Betonsand enthalten soll.

Nach diesen Bedingungen ergibt sich für Beton, der Mörtel nach a und d enthält, der Linienzug *A* der Abb. 136,

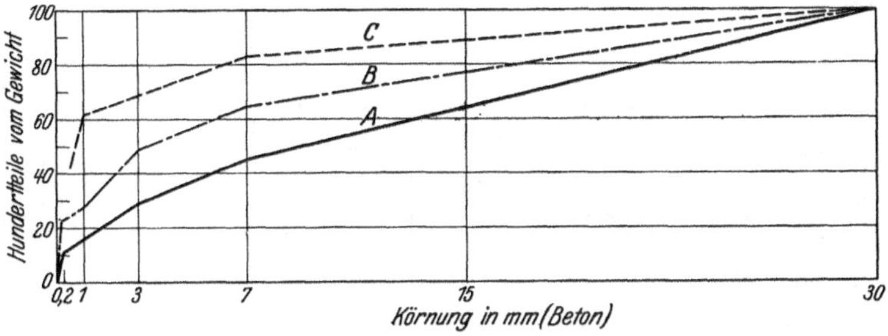

Abb. 136. Kornzusammensetzung von Beton mit 300 kg Zement/m³ bei Verwendung der in Abb. 138 bezeichneten Zuschlagstoffe.

Körnung:	0/0,2	0/1	0/3	0/7	0/15	0/30 mm
Anteil: Linienzug *A*	11	16	29	45	64	100 vH
Anteil: Linienzug *B*	23	28	49	65	77	100 vH
Anteil: Linienzug *C*	—	62	—	83	—	100 vH

für Beton gemäß b und e der Lininienzug *B*,

für Beton gemäß c und f, wenn 1 m³ des fertigen Betons 300 kg Zement enthält, der Linienzug *C*.

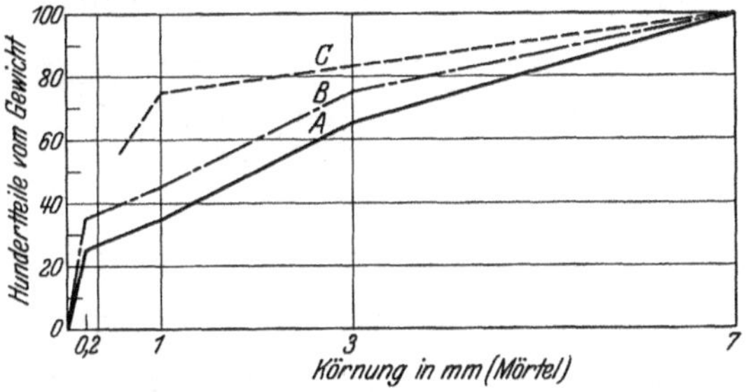

Abb. 137. Kornzusammensetzung der Mörtel zu den in Abb. 136 gezeichneten Betonmischungen.

Körnung:	0/0,2	0/1	0/3	0/7 mm
Anteil: Linienzug *A*	25	35	65	100 vH
Anteil: Linienzug *B*	35	45	75	100 vH
Anteil: Linienzug *C*	—	75	—	100 vH

Die Mischungen *A* und *B* seien als die Grenzen für besonders guten Beton angesehen. Die Mischung *A* kommt nur in Betracht, wenn für sehr gute Verarbeitung gesorgt ist. Andernfalls ist die Mischung wenig unter *B* zu wählen. Die Mischung *C* ist zur Zeit für Eisenbeton eben noch zulässig.

Die Mischungen *A*, *B* und *C* geben bei gleichem Zementaufwand sehr verschiedene Festigkeiten, derart, daß Beton der Mischung *C* geringere Druck- und Biegefestigkeiten liefert, auch mehr schwindet, überdies durchlässiger ist, also auch das eingebettete Eisen weniger schützen wird als Beton der Mischung *B*. Noch größer ist der Unterschied gegen den Beton der Mischung *A* zu erwarten[1].

Es ist deshalb angezeigt, den Zementgehalt, der für Eisenbeton wegen des Schutzes der Eiseneinlagen gegen Rosten vorgeschrieben ist, von der jeweils gewährleisteten Kornzusammensetzung des Betons abhängig zu machen.

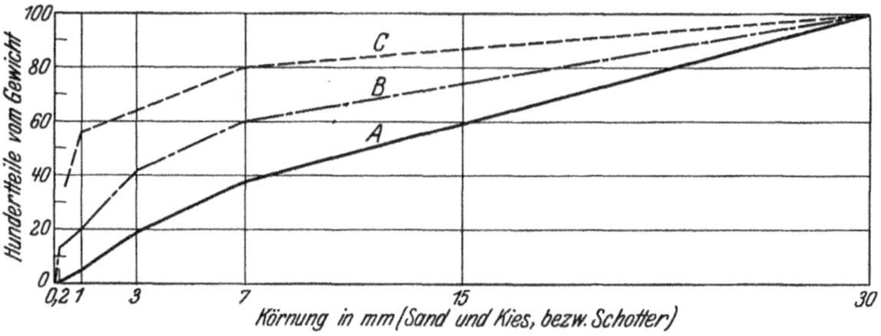

Abb. 138. Körnung der Zuschlagstoffe zu den in Abb. 136 dargestellten Betonmischungen.

	Linienzug *A*						Linienzug *B*						Linienzug *C*					
Körnung:	0/0,2	0/1	0/3	0/7	0/15	0/30 mm	0/0,2	0/1	0/3	0/7	0/15	0/30 mm	0/0,2	0/1	0/3	0/7	0/15	0/30 mm
Anteil:	0	4,5	19	38	60	100 vH	13	20	42	60	74	100 vH	—	56	—	80	—	100 vH

Wenn 1 m³ des Betons *C*, Abb. 136, mindestens 300 kg Zement enthält, so kann wahrscheinlich bei den Mischungen *B* und *A* mit etwa 250 kg Zement ein mindestens gleichwertiger Beton geschaffen werden. Allerdings wird es dann nötig sein, daß zu den Mischungen *A* bis *B* der Sand und der Kies getrennt angeliefert werden. Die Körnung muß dabei in den durch Abb. 137 bis 139 bezeichneten Grenzen bleiben, also soll im

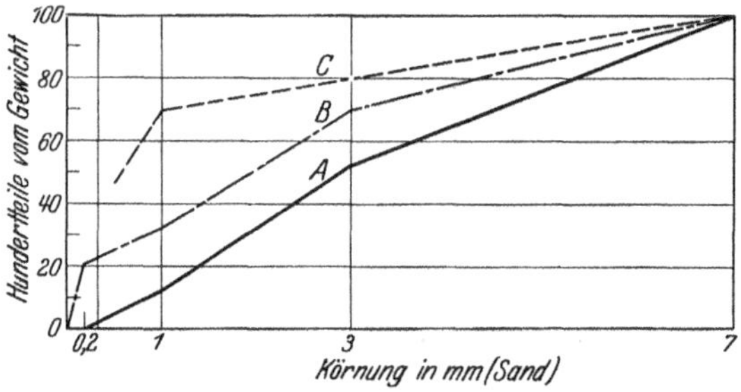

Abb. 139. Körnung der Sande zu den in Abb. 136 dargestellten Betonmischungen.

	Linienzug *A*				Linienzug *B*				Linienzug *C*			
Körnung:	0/0,2	0/1	0/3	0/7 mm	0/0,2	0/1	0/3	0/7 mm	0/0,2	0/1	0/3	0/7 mm
Anteil:	0	12	52	100 vH	21	32	70	100 vH	—	70	—	100 vH

[1] Solche Versuche sind im Gang. Die bisher vorliegenden Beobachtungen stehen im Einklang mit dem Gesagten. Ein ausführlicher Bericht wird in den Heften des Deutschen Ausschusses für Eisenbeton erstattet werden.

Betonsand 10 bis 32 vH Betonfeinsand sein; das Verhältnis Sand : Kies (in Gewichtsteilen) soll 1 : 1,6 bis 1 : 0,7 betragen.

Im ganzen würde somit für Eisenbeton folgendes gelten:

Material zu	Zusammensetzung des Betonsands[1]	Zusammensetzung des Kiessands[1]
a) gewöhnlichem Eisenbeton, mindestens 300 kg Zement in 1 m^3 fertigem Beton	höchstens 70 vH Betonfeinsand	höchstens 80 vH Sand
b) besonders gutem Eisenbeton mindestens 250 kg Zement in 1 m^3 fertigem Beton	bis 32 vH Betonfeinsand	Sand und Kies sind getrennt anzuliefern und für jede Mischung so zu messen, daß der Beton mindestens 45 vH, höchstens 65 vH Mörtel enthält.

Durch solche Maßnahmen können verantwortungsbewußte Ingenieure hochwertigen Beton wirtschaftlich herstellen (vgl. u. a. S. 123 u. f.).

Zur Durchführung solcher Vorschläge ist es allerdings nötig, daß die heute noch weit verbreitete Gepflogenheit, bei Vergebung von Betonarbeiten das Mischungsverhältnis vorzuschreiben, aufgegeben wird. Technisch richtig ist die Gewährleistung bestimmter Festigkeiten (Druck- und Biegefestigkeit, Wasserundurchlässigkeit) unter Angabe der zugehörigen Abnahmeprüfungen.

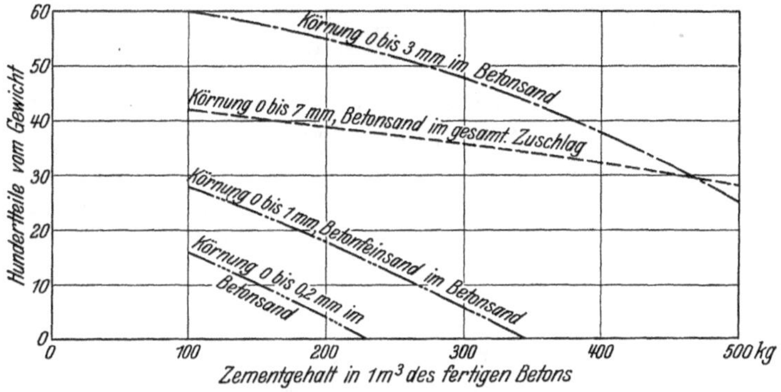

Abb. 140. Anteil der Körnungen im Zuschlag unter folgenden Annahmen: 1 m^3 frisch verarbeiteter Beton = 2350 kg; Wassergehalt 10 vH; Mörtelgehalt 45 vH; Mörtel nach Linie 5 der Abb. 27 (vgl. Linienzug *A* der Abb. 136).

[1] Hierzu würden noch Richtlinien für die Abnahme gehören. Beispielsweise könnte für Sand gesagt werden: Wird Betonsand durch Siebversuche abgenommen, so darf der Gehalt an Feinsand, im Mittel aus drei Versuchen mit drei verschiedenen Proben von je mindestens 3 kg ausgeführt, nicht mehr als 32 vH betragen; im Einzelfall soll nicht mehr als 37 vH Feinsand vorhanden sein.

Was hier für Eisenbeton gezeigt ist, wird auch für anderen Beton angezeigt sein[1].

Soll dementsprechend verfahren werden, so sind die Grenzwerte der Zusammensetzung der Zuschlagstoffe für besonders guten Beton aus den

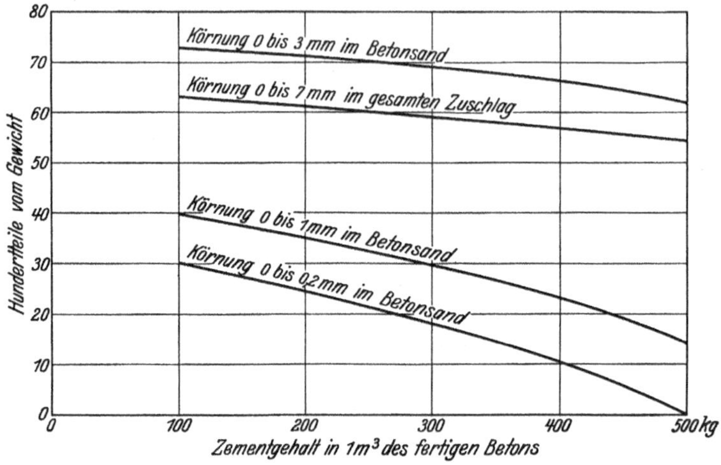

Abb. 141. Anteil der Körnungen im Zuschlag unter folgenden Annahmen: 1 m³ frisch verarbeiteter Beton = 2350 kg; Wassergehalt 10 vH; Mörtelgehalt 65 vH; Mörtel nach Linie 7 der Abb. 27 (vgl. Linienzug *B* der Abb. 136).

Abb. 140 und 141 zu entnehmen. Abb. 140 gilt für Beton mit 45 vH Mörtel nach Linie 5 der Abb. 27, Abb. 141 für Beton mit 65 vH Mörtel nach Linie 7 der Abb. 27.

In Nordamerika ist es üblich, die Körnung des Betons durch einen zusammenfassenden Faktor zu beurteilen. Von den Zahlen, welche den Rückstand der Sande auf den Sieben in Hundertteilen des Gewichts angeben, werden die Summen gebildet und diese durch 100 dividiert. Die

[1] Die tentative specifications for concrete aggregates (C 33—28 T) der american society for testing materials verlangen für das „fine aggregate“ — auf deutsches Maß und für Rundlochsiebe umgerechnet — die in Abb. 142 angegebenen Grenzwerte. Werden diese mit Abb. 139 in Vergleich gestellt, so ergibt sich, daß der Betonsand nach den amerikanischen Vorschriften etwa in dem Bereich des Felds liegt, das durch die Linienzüge *B* und *C* der Abb. 139 gegeben ist. Abb. 139 gilt aber nur für Eisenbeton.

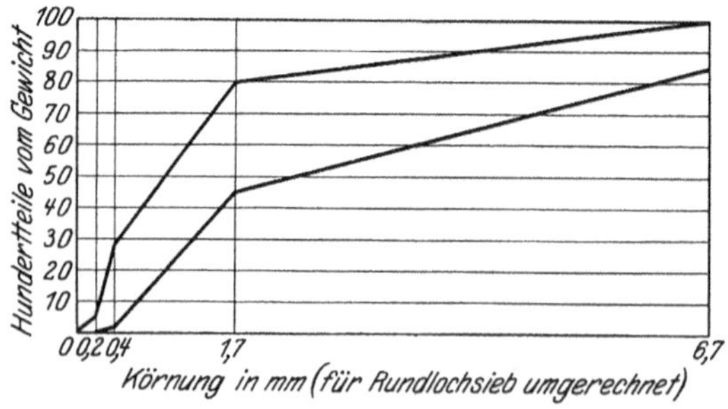

Abb. 142. Zulässige Körnungen nach amerikanischen Vorschriften.

so erhaltene Ziffer nannte Abrams „fineness modulus"; sie wird im folgenden „Körnungsziffer" genannt[1]. Grobe Sande haben größere Körnungsziffern als feine.

Stuttgarter Versuche lieferten u. a. den aus Abb. 143 ersichtlichen Zusammenhang zwischen der Körnungsziffer und der Druckfestigkeit 28 Tage alter Würfel, wobei die Druckfestigkeit auf die Normenfestigkeit $K_{n28} = 400$ kg/cm² bezogen ist. Hieraus erhellt, daß die Punktschar

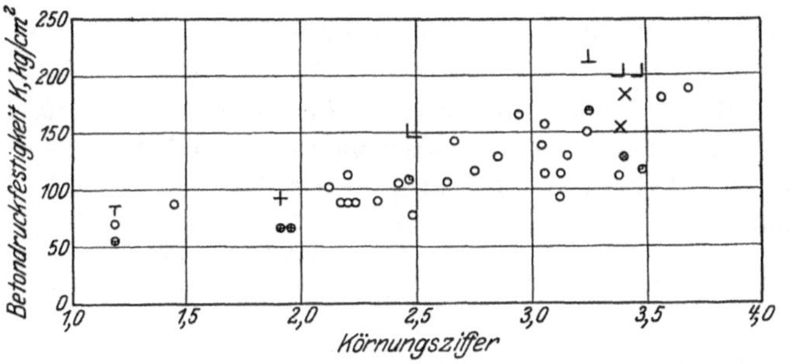

Abb. 143. Beziehungen zwischen Druckfestigkeit und Körnungsziffer. Beton mit 300 kg Zement / m³. Alter: 28 Tage.

stark streut. Andere Versuche, bei denen Sande mit verschiedener Kornstufung, jedoch mit gleicher Körnungsziffer verwendet wurden, ergeben große Abweichungen der Druckfestigkeit. Der Verfasser hat bisher die Auffassung vertreten, daß die unmittelbare Beurteilung der Körnung nach den Zahlenreihen der Siebprobe vorzuziehen sei, weil sie die Mängel bestimmter erkennen läßt als die Körnungsziffer. Hierauf wird voraussichtlich in einigen Monaten in einem Bericht für den Deutschen Ausschuß für Eisenbeton näher eingegangen.

c) Zwei Beispiele aus der Praxis. Anwendung der Siebprobe. Vorausbestimmung der Druckfestigkeit.

Für einen Brückenbau ist folgende Aufgabe gestellt worden.

Zur Verfügung stehen zwei Baggerkiese K und S. Sind die beiden Kiese für hochbeanspruchten Eisenbeton einer Brücke geeignet, wenn zu 1 m³ fertig verarbeitetem Beton höchstens 300 kg hochwertiger Zement verarbeitet werden sollen und die Normenfestigkeit des Zements $K_{n7} = 930$ kg/cm², $K_{n28} = 560$ kg/cm² beträgt? Druckfestigkeit des Betons nach 7 Tagen mindestens 100 kg/cm², nach 28 Tagen mindestens 180 kg/cm². Welche Ergänzung ist erforderlichenfalls zu empfehlen[2]?

[1] Vgl. auch in der 2. Aufl. S. 66 u. f.

[2] Hier sei an Abb. 9, S. 16, erinnert, die zeigt, daß das Verhältnis des Wassergewichts zum Gewicht des Zements im frisch verarbeiteten Beton unter den vorliegenden Verhältnissen nicht größer als $w = 0{,}70$ werden darf, wenn die erlangte Mindestfestigkeit zustande kommen soll.

Zunächst sind Siebversuche, wie unter a, S. 112 u. f. beschrieben, ausgeführt worden. Die Ergebnisse finden sich in Zusammenstellung 17, S. 115.

Im Durchschnitt aus drei Versuchen mit je 5000 g Baggerkies K fand sich als Rückstand auf dem Sieb mit

	0,2 mm Maschenweite	1	3	7	12	25	40 mm
				Lochdurchmesser			
Rückstand	4542	3204	2094	1303	936	617	439 g,
das sind	90,8	64,1	41,9	26,1	18,7	12,3	8,8 vH.

Es fielen also durch obengenannte Siebe

9,2	35,9	58,1	73,9	81,3	87,7	91,2 vH.

Die Teile von 0 bis 7 mm werden als Betonsand bezeichnet; der Sandanteil betrug demnach im vorliegenden Fall **73,9** vH.

Für den Baggerkies S wurde ermittelt:

Sieb mit	0,2 mm Maschenweite	1	3	7	12	25	40 mm
				Lochdurchmesser			
Rückstand	78,0	10,2	3,3	1,5	0,3	0	0 vH,
Durchfall	22,0	89,8	96,7	98,5	99,7	100	100 „ .

Hier betrug der Sandanteil **98,5** vH.

Im Material K war somit rund $^1/_4$, im Material S nur $^1/_{67}$ als Kies vorhanden. Da wir wissen, daß der Sandanteil nur so groß als notwendig zu wählen ist, bei Kiesbeton weit kleiner sein sollte (vgl. S. 118), mußte in beiden Fällen der Sandgehalt als viel zu groß bezeichnet werden[1]. Im vorliegenden Fall sind Kiessande erwünscht, die $^1/_2$ bis $^2/_3$ als Kies enthalten.

Weiter zeigten die Ergebnisse des Siebversuchs, daß der Anteil des Feinsands (bis 1 mm Korngröße)

bei K 35,9 vH vom gesamten Material bzw.

$$\frac{35,9}{73,9} \cdot 100 = 48,6 \text{ vH}$$

vom Sand betrug,

bei S 89,8 vH vom gesamten Material bzw.

$$\frac{89,8}{98,5} \cdot 100 = 91,2 \text{ vH}$$

vom Sand.

Beide Materialien enthalten also viel Feinsand.

Der Zusammenstellung 17 entnehmen wir sodann, daß das Raumgewicht des Materials[2]

beim Material K 1,87 für 1 l,
beim Material S 1,59 für 1 l betrug.

[1] Vgl. auch Beton und Eisen 1926, S. 119 u. f., sowie S. 210 u. f.; Bauingenieur 1926, S. 398 u. f. Mit Zunahme des Sandgehalts nimmt die Festigkeit ab. Der Rostschutz ist bei sandreichem Beton weniger gesichert als bei Beton mit dem angegebenen Verhältnis von Sand : Kies. Näheres in der vorliegenden Schrift S. 3 u. f., sowie S. 50 u. f.

[2] Für den Verwendungszustand festzustellen (vgl. hierzu Abb. 1, sowie Bautechnik 1929, S. 308 u. f.).

Würde das Material S in der Mischung „1 : 5" verwendet und der Zement mit dem Raumgewicht 1,2 kg für 1 l eingeführt, so würden zu mischen sein:

1,2 Gewichtsteile Zement,
$5 \cdot 1{,}59 = 7{,}95$ Gewichtsteile Material S.

Von diesen $1{,}2 + 7{,}95 = 9{,}15$ Gewichtsteilen fallen durch das Sieb mit

	0,2 mm Maschenweite	1	3	7	12	25 mm	
		Lochdurchmesser					
vom Zement	1,2	1,2	1,2	1,2	1,2	1,2	Gewichtsteile,
vom Kiessand S . . .	1,75	7,14	7,69	7,83	7,93	7,95	„ ,
zusammen	2,95	8,34	8,89	9,03	9,13	9,15	Gewichtsteile,
d. i. vom trockenen Beton	32,2	91,1	97,2	98,7	99,8	100 vH.	

Die Mischung enthält hiernach **98,7** vH Mörtel (0 bis 7 mm), statt nur etwa 50 vH.

Vom Mörtel (0 bis 7 mm) fallen durch die oben angegebenen Siebe

	33	92	98	100 vH,
statt	25	35	65	100 „

bei zweckmäßig zusammengesetztem Mörtel (vgl. S. 28 u. f.).

Bei Verwendung des Baggerkieses K in der gleichen Mischung (1,2 Gewichtsteile Zement $+ 5 \cdot 1{,}87 = 9{,}35$ Gewichtsteile Kiessand) würden fallen durch das Sieb mit

	0,2 mm Maschenweite	1	3	7	12	25	40	über 40 mm	
		Lochdurchmesser							
vom Zement . .	1,2	1,2	1,2	1,2	1,2	1,2	1,2	1,2	Gewichtsteile,
vom Kiessand K .	0,86	3,36	5,43	6,91	7,60	8,20	8,53	9,35	„ ,
	2,06	4,56	6,63	8,11	8,80	9,40	9,73	10,55	Gewichtsteile,
d. i. vom trockenen Beton	19,5	43,2	62,8	76,9	83,4	89,1	92,2	100 vH.	

Vom Mörtel gehen durch die oben angegebenen Siebe

	25	56	82	100 vH,
statt	25	35	65	100 „ .

Nach diesen Ergebnissen war Material S wegen Mangels an groben Stücken und wegen zu großen Anteils der feinen Teile im Sand auszuscheiden. Auch das Material K brachte noch erhebliche Mängel. Es war deshalb zu untersuchen, ob Material K durch Beimengung anderer Stoffe geeigneter wird, z. B. durch Zusatz von Splitt.

Zur Verfügung stand Basaltsplitt (Gemisch aus Basaltschotter und Basaltquetschsand). Dieser lieferte nach Zusammenstellung 17 als Rückstand auf dem Sieb mit

	0,2 mm Maschenweite	1	3	7	12	25	40 mm
		Lochdurchmesser					
vom Splitt . .	98,6	97,8	96,4	90,6	69,3	6,1	0,4 vH.

Der Splitt enthielt somit 100—90,6 = 9,4 vH, die durch das Sieb mit 7 mm Lochdurchmesser fielen (Quetschsand). Das Raumgewicht des lufttrockenen Materials betrug

1,32 kg für 1 l.

Eine kurze Rechnung[1] zeigte, daß, wenn

Baggerkies K : Splitt = 1 : 1

in Raumteilen gemischt werden, eine Mischung zu erwarten ist, die einer geeigneten nahe liegt.

Dementsprechend wurde verfahren.

Zunächst wurde angenommen, 1 m³ des frisch verarbeiteten Betons wiege 2400 kg. Da der Zementanteil 300 kg betragen sollte, der Wassergehalt des Betons zu etwa 10 vH einzuschätzen war, so verblieben für 1 m³ Beton noch

2400 — (300 + 240) = 1860 kg Sand, Kies und Splitt,

die zu gleichen Raumteilen aus Kiessand und Splitt zusammenzusetzen waren.

Das Verhältnis Zement : (Kiessand + Splitt) ergab sich nach Vorstehendem zu

300 : 1860 = 1 : 6,2 in Gewichtsteilen.

Die 6,2 Gewichtsteile des Gesteins teilen sich bei gleichen Raumteilen von Kiessand und Splitt wie die Raumgewichte, so daß der Beton besteht aus

1 Gewichtsteil Zement,

$$\frac{6{,}2 \cdot 1{,}87}{1{,}32 + 1{,}87} = 3{,}64 \text{ Gewichtsteilen Kiessand } K \text{ und}$$

$$\frac{6{,}2 \cdot 1{,}32}{1{,}32 + 1{,}87} = 2{,}56 \text{ Gewichtsteilen Splitt.}$$

Die Kornzusammensetzung dieser Mischung ergibt sich aus folgendem:

Körnung . . .	0 bis 0,2	0 bis 1	0 bis 3	0 bis 7	0 bis über 7 mm,
Zement	1,0	1,0	1,0	1,0	1,0 Gewichtsteil,
Kiessand . . .	0,33	1,31	2,11	2,69	3,64 Gewichtsteile.
Splitt	0,04	0,06	0,09	0,24	2,56 „ ,
zusammen . .	1,37	2,37	3,20	3,93	7,20 Gewichtsteile,
das sind	19	33	44	55	100 vH.

[1] Diese Überschlagsrechnung setzt hier als Bedarf zu 1 m³ Beton: 2400 kg Beton — 300 kg Zement — 240 kg Wasser im frischen Beton = 1860 kg Kies und Splitt. Die Teilung der 1860 kg nach gleichen Raumteilen gibt $\frac{1{,}32 \cdot 1860}{1{,}32 + 1{,}87} =$ rd. 770 kg Splitt und den Rest als Kies (1090 kg).

In 770 kg Splitt sind rd. 70 kg Sand,
„ 1090 „ Kies „ „ 800 „ „ , zusammen 870 kg.

Somit Mörtelgehalt des Betons: 870 kg Sand + 300 kg Zement = 1170 kg, das sind rd. $\frac{1170}{2160} \cdot 100 = 54$ vH der trockenen Stoffe.

Der Mörtel zeigt folgende Verhältniszahlen

	35	60	80	100 vH[1],
statt	25	35	65	100 vH.

Der Beton enthält hiernach 55 vH Mörtel, was für den vorliegenden Fall zwar noch reichlich erschien, aber nicht geändert wurde, da das Zuviel nicht erheblich erschien und besonderer Wert auf einfache Mischungsverhältnisse zu legen war. Da überdies die Mischung nicht nach Gewicht, sondern nach Raumteilen zu erfolgen hatte, mußte mit Rücksicht auf die größeren Ausführungsfehler dieses in Deutschland noch vorherrschenden Verfahrens der höhere Mörtelgehalt beibehalten werden.

Der Mörtel wies zuviel feine Teile unter 1 mm auf. Die Zusammensetzung des Mörtels lag schon außerhalb der Grenzen, die für besonders guten Eisenbeton S. 118 u. f. empfohlen sind, jedoch noch in dem Bereich, der für Eisenbeton zulässig ist. Änderungen wären nur mit erheblichen Kosten möglich gewesen. Es wurde deshalb mit der angegebenen Mischung gearbeitet und folgendes gemischt:

	10,0 kg	Zement
	36,4 „	*K*
	25,6 „	Splitt
zusammen	72,0 kg.	

Durch Trockenproben war bekannt, daß die 36,4 kg des Kieses *K* und 25,6 kg des Splitts insgesamt 0,31 kg Wasser enthielten.

Bei sorgfältiger Mischung wurde allmählich Wasser zugegeben, bis der Beton eine Konsistenz aufwies, die für gewöhnlichen Eisenbeton ausreichend ist.

Erforderlich waren 6,0 kg Wasser. Damit wurde der gesamte Wassergehalt des Betons $0{,}31 + 6{,}0 = 6{,}31$ kg und das Verhältnis

$$w = \frac{\text{Wassergewicht}}{\text{Zementgewicht}} = \frac{6{,}31}{10{,}0} = 0{,}63.$$

Vom verwendeten Zement war bekannt, daß er nach 7 Tagen rund 390 kg/cm², nach 28 Tagen 560 kg/cm² Normendruckfestigkeit besaß.

Demgemäß war nach der früher erläuterten Kurventafel Abb. 9, S. 16, zu erwarten, daß die Druckfestigkeit des Betons nach 7 Tagen mindestens 125 kg/cm², nach 28 Tagen mindestens 190 kg/cm² betragen würde.

Dieses Ergebnis erschien ausreichend (vgl. die Aufgabe S. 123).

Hierauf wurde der Beton zu Würfeln mit 20 cm Kantenlänge verarbeitet.

Das Herstellungsprotokoll ist in Zusammenstellung 18 wiedergegeben.

---

[1] Durch den Zusatz von Basaltsplitt ist der Mörtel nicht deutlich geändert worden, einmal weil der Splitt wenig Quetschsand enthielt und dann, weil der Quetschsand wie der Sand im Baggerkies *K* viel Feines enthielt.

Zusammenstellung 18. **Herstellungsprotokoll.**

Würfel Nr. 884 (20 cm Kantenlänge). Herstellungstag: 16. März 1926.
Aufgabe: 1 m^3 fertiger Beton soll 300 kg Zement enthalten. Annahme: 1 m^3 fertiger Beton wiege 2400 kg und enthalte 10 vH = 240 kg Wasser sowie 300 kg Zement. Für die trockenen Zuschläge bleiben demnach 2400 − (240 + 300) = 1860 kg übrig. Mischungsverhältnis: 300 : 1860 = 1 : 6,2 Gewichtsteile. Die Zuschläge sind zusammengesetzt aus 1 Raumteil Baggerkies K und 1 Raumteil Splitt.

Temperatur im Herstellungsraum: 8,4° C.
Feuchtigkeit der Luft im Herstellungsraum: 84 vH.
Temperatur des Wassers: 14,6° C.

Zusammensetzung.

Gewichtsteile: 1 Zement, 6,2 Zuschläge

$$\left(\frac{6{,}2\cdot 1{,}87}{1{,}32+1{,}87} = 3{,}64 \text{ Baggerkies} + \frac{6{,}2\cdot 1{,}32}{1{,}32+1{,}87} = 2{,}56 \text{ Splitt}\right)$$

Raumteile (umgerechnet): 1 Zement, 2,3 Baggerkies und 2,3 Splitt.

10,00 kg	Zement
36,40 „	Baggerkies K
25,60 „	Splitt
72,00 kg	

− 0,31 kg Wasser im Material = 71,69 kg trockenes Material.

Mischen: sorgfältige Handmischung (4 mal trocken, 6 mal unter Zugabe des Wassers).

Bestimmung des Gewichts des fertig verarbeiteten Betons:

3 Formen leer . .	= 102,0 kg
3 Formen gefüllt .	= 160,8 „
Inhalt (24 l)	= 58,8 kg

1 m^3 wiegt somit

$$\frac{58{,}8}{24}\cdot 1000 = 2450\,\text{kg}.$$

In 72,00 + 6,00 = 78,00 kg fertigem Beton sind 10,00 kg Zement enthalten, somit in 2450 kg fertigem Beton

$$Z = \frac{10{,}00\cdot 2450}{78{,}00} = 314 \text{ kg Zement.}$$

Arbeiter: x.
Aufsicht: y.

Wassergehalt:

in 5000 g Baggerkies: 32 g, d. h. 0,64 vH,
in 5000 g Splitt: 15 g, d. h. 0,30 vH;
insgesamt

im Baggerkies	0,23 kg
im Splitt	0,08 „
zusammen	0,31 kg.

Wasserzusätze:

Inhalt des Meßgefäßes	
vor dem Mischen . . .	8,00 kg
nach dem Mischen . .	2,00 „
Zusatz	6,00 kg,
im Material	0,31 „
Gesamtwasser	6,31 kg.

$$w = \frac{6{,}31}{10{,}0} = 0{,}63.$$

Konsistenz: s = 11 cm; g = 38 cm[1].

Das Gewicht des frisch verarbeiteten Betons wurde durch Wiegen der Formen vor und nach der Verarbeitung des Betons bestimmt. Es fand sich zu 58,8 kg für 24 l (drei Würfel mit 20 cm Kantenlänge), d. i. 2450 kg für 1 m^3 statt 2400 kg, wie bei Beginn der Versuche angenommen war.

Der Zementgehalt in 1 m^3 fertig verarbeitetem Beton wurde somit etwas höher als vorgesehen; er betrug auf Grund des Versuchs

$$\frac{10}{72+6{,}0}\cdot 2450 = 314 \text{ kg}.$$

[1] Vgl. Abb. 148 bis 152.

Wenn der Zementgehalt höchstens 300 kg/m³ betragen soll, ist der Versuch entsprechend zu wiederholen, was rasch geschehen kann.

Die Würfel lagerten 7 Tage unter feuchten Tüchern, dann trocken.

Die Druckprobe lieferte im Alter von 7 Tagen

$$K = (126 + 124) : 2 = 125 \text{ kg/cm}^2,$$

genau dem oben angebenen Wert aus Abb. 9 entsprechend; im Alter von 28 Tagen

$$K = (256 + 258) : 2 = 257 \text{ kg/cm}^2,$$

also mehr als nach der Vorausbestimmung, welche über die Mindestfestigkeit Auskunft geben sollte. Die Bedingungen der Aufgabe erscheinen genügend erfüllt, sofern bei der Bauausführung die Konsistenz die gleiche ist und das Material die gleichen Eigenschaften aufweist.

Als zweite Aufgabe sei folgende besprochen.

Zur Verfügung stand der Kiessand T, sowie Rollkies R, ferner Portlandzement N. Die Normenfestigkeit des Zements betrug, in Übereinstimmung mit früheren fortlaufenden Untersuchungen, $K_{n28} = 501$ kg/cm². Für massige Eisenbetonbauwerke, die gegen den Zutritt von Wasser geschützt wurden und deshalb wegen des Rostschutzes des Eisens besondere Vorkehrungen nicht erforderten, also Verringerung des Zementgehalts unter das übliche Maß zuließen, sollte aus diesen Stoffen Beton hergestellt werden, dessen Druckfestigkeit nach 28 Tagen mindestens 160 kg/cm² betrug. Es war zu untersuchen, ob diese Forderung mit Kiessand T ohne Kies R billiger erfüllt werden könne als mit Kiessand T und Kies R. Der Preis des Kiessands T war frei Baustelle zu Mark 6,30, der Preis des Kieses R zu Mark 10,— je 1000 kg anzunehmen.

Beim Siebversuch fielen durch das Sieb mit

	0,2 mm Maschenweite	1	3	7	12	25	40 mm Lochdurchmesser
vom Kiessand T .	5,3	82,6	96,4	98,1	98,8	100	100 vH,
„ Kies R. . . .	0,3	0,4	0,9	5,6	46,7	96,8	100 vH.

Der Kiessand T — aus der Berliner Gegend — enthielt hiernach nur 1,9 vH Kies. Er sollte gemäß den Leitsätzen des Deutschen Betonvereins nicht allein zur Verwendung kommen. Aus besonderen Gründen wurde die alleinige Verwendung des Kiessands trotzdem geprüft. Es sollte damit zunächst der Auffassung begegnet werden, daß der Zusatz von Kies R verteuernd wirke.

Demgemäß sind zunächst mit Kiessand T drei Mischungen hergestellt worden, die sich nur durch den Zementgehalt unterscheiden. Das Ausbreitmaß g betrug 40 cm (vgl. S. 138). In 1 m³ des fertig verarbeiteten Betons waren enthalten

bei Mischung	T_1	T_2	T_3
	309	339	383 kg Zement.

Der Wasserzementfaktor war

$w = 0{,}91$ 0,82 0,67.

Die Mindestdruckfestigkeit von 28 Tage alten Würfeln mit 20 cm Kantenlänge war nach Abb. 9 zu erwarten

mindestens zu $K = 76$ 93 140 kg/cm².

Als wahrscheinlicher Wert kann bei guten Mischungen das 1,5fache, also

$K = 114$ 139 210 kg/cm²

auftreten; für Beton der vorliegenden Art durfte nach bisheriger Erfahrung nur eine geringe Überschreitung der Mindestfestigkeit in Rechnung gesetzt werden.

In Wirklichkeit fanden sich später

$K_{28} = 106$ 138 162 kg/cm².

Hiernach war die Aufgabe, Beton mit $K_{28} = 160$ kg/cm² herzustellen, eben noch mit T_3 durchführbar.

Weitere Mischungen sind mit Kiessand T und Kies R derart zusammengestellt worden, daß der Sandgehalt der Zuschlagstoffe insgesamt 40 vH betrug. Das Ausbreitmaß ist wieder zu $g = 40$ cm gewählt worden. In 1 m³ des fertig verarbeiteten Betons waren

bei Mischung	TR_1	TR_2	TR_3
	236	252	301 kg Zement.

Der Wasserzementfaktor w betrug

0,82 0,79 0,69.

Die Druckfestigkeit K_{28} war nach Abb. 9

mindestens mit	93	100	132 kg/cm²,
höchstens mit	186	200	264 „ [1]

zu erwarten. Der Versuch lieferte

184 200 265 kg/cm² (vgl. auch S. 55)[1].

Die Mischung TR_1 (mit 236 kg Zement) ergab somit höhere Festigkeit als die Mischung T_3 (mit 383 kg Zement).

Werden die Mischungen T_3 und TR_1 in Vergleich gestellt, so zeigt sich folgendes:

a) Kornzusammensetzung der Mischung T_3.

Körnung	0 bis 0,2	0 bis 1	0 bis 3	0 bis 7	0 bis über 7 mm,
Zement	1,0	1,0	1,0	1,0	1,0 Gewichtsteil,
Kiessand T	0,21	3,23	3,77	3,84	3,91[2] Gewichtsteile,
zusammen	1,21	4,23	4,77	4,84	4,91 „ ,
das sind	25	86	97	99	100 vH

des trockenen Betons.

[1] Erfahrungsgemäß ist die tatsächliche Druckfestigkeit von Beton ähnlicher Zusammensetzung wie TR_1, $_2$ und $_3$ nach der oberen Kurve in Abb. 9 zu erwarten, das ist das Doppelte der Werte der unteren Kurve (vgl. S. 55).

[2] 4,0 Gewichtsteile lagerfeuchter Kiessand T (Wassergehalt 2,2 vH) entsprachen 3,91 Gewichtsteilen trockenem Kiessand.

Der Mörtel zeigt folgende Verhältniszahlen:

	25	87	99	100 vH,
statt	25	35	65	100 „ .

b) Kornzusammensetzung der Mischung TR_1.

Zement	1,0	1,0	1,0	1,0	1,0	Gewichtsteil,
Kiessand T	0,17	2,66	3,10	3,16	3,22	Gewichtsteile,
Kies R	0,01	0,02	0,04	0,27	4,86	„ ,
zusammen	1,18	3,68	4,14	4,43	9,08	„ ,
das sind	13	41	46	49	100 vH	

des trockenen Betons.

Der Mörtel zeigt folgende Körnung:

	27	83	93	100 vH,
statt	25	35	65	100 „ .

Durch den Kieszusatz der Mischung TR_1 wurde der Mörtelgehalt des Betons gegenüber der Mischung T_3 verringert. Der Mörtel selbst ist nur unerheblich geändert worden. Dabei wurde erreicht, daß die Mischung TR_1 mit geringerem Zementgehalt die größere Festigkeit lieferte. Außerdem war für den Beton TR_1 wegen des geringeren Zementgehalts und wegen des größeren Gehalts an grobem Material ein kleineres Schwindmaß zu erwarten, ein Umstand, der bei massigen Bauwerken bekanntlich sehr wichtig ist.

Außerdem ist für Fälle der gedachten Art ein möglichst hohes Gewicht erwünscht. Dieses betrug im Alter von 28 Tagen

für T_3	TR_1
2,10	2,27 kg/dm³.

Auch hier hat sich die Mischung TR_1 vorteilhafter erwiesen.

Der Stoffaufwand für 1 m³ Beton betrug

für T_3	TR_1	
383	236 kg	Zement,
1512	768 „	Kiessand T,
—	1152 „	Kies R.

Die Materialkosten fanden sich hiernach

	bei T_3	TR_1
für Zement zu	19,10	11,70 M,
„ Kiessand T zu	9,50	4,80 M,
„ Kies R zu	—	11,52 M,
insgesamt zu	28,60	28,02 M.

Der Materialaufwand für die in bezug auf ihre Eigenschaften höherwertige Mischung TR_1 ist also etwas geringer als bei T_3. Die Mischung TR_1 erwies sich hiernach als die technisch **und** wirtschaftlich bessere.

Untersuchungen solcher Art sind mit geringem Aufwand durchführbar[1].

[1] Die Materialprüfungsanstalt der Technischen Hochschule Stuttgart (Abt. für das Bauwesen) hat in vielen Fällen die Beteiligten angeleitet und auch bei der praktischen Durchführung unterstützt.

2. Die Verarbeitbarkeit des Betons und ihre Prüfung.

Bei der Wahl des Betons für einzelne Bauteile oder für ganze Bauwerke ist zunächst festzulegen, welche Verarbeitung möglich ist (Beton für massige Bauten, für dünnwandige Bauteile, für Bauten mit eng gelegten Eiseneinlagen usf.), auch welche Verarbeitung technisch und wirtschaftlich den Vorzug verdient (Beton, der mit Preßluftstampfern bearbeitet wird; Beton, der mit eisernen Stampfern nicht mehr bearbeitet werden kann, jedoch der Bearbeitung mit Holzstampfern bedarf, um ein geschlossenes Einbringen zu sichern; Gußbeton, der über geneigte Förderbänder zu befördern ist und deshalb ziemlich steif sein muß; Gußbeton, der durch Rinnen befördert wird u. a. m.). Hierfür sind Bezeichnungen wie Stampfbeton, weicher Beton und Gußbeton üblich. Damit läßt sich die Verarbeitbarkeit nicht eindeutig erläutern, da in verschiedenen Gegenden noch verschiedene Gepflogenheiten herrschen, die Ingenieure diese Bezeichnungen verschieden auffassen, vor allem, weil die Bezeichnung als solche für technische Anweisungen ungenügend ist[1].

Hieraus erhellt, daß die Verarbeitbarkeit gemessen werden muß, soweit dies zur Zeit möglich ist. Wie dabei verfahren werden kann, ist unter b bis e S. 135 u. f. geschildert. Die dort gemachten Darlegungen sollen kein umfassendes Bild der bis jetzt vorgeschlagenen oder benutzten Verfahren geben. Es sind lediglich Angaben über Verfahren und Einrichtungen gemacht, die der Verfasser oft verwendet hat und die sich nach dem heutigen Stand der Sache als praktisch nützlich und brauchbar bewährt haben.

Die Verarbeitbarkeit ist in erster Linie abhängig vom Zement, von der Körnung und von der Kornbeschaffenheit der Zuschläge, von besonderen Zusätzen usf. Es gibt Zemente, die schleimige, zähe Mörtel liefern; mit anderen Zementen entstehen sogenannte kurze Mörtel, d. s. Mörtel, die das Wasser leicht abstoßen. Die ersteren sind für Wasserbauten, Gußbeton usf. vorzuziehen.

Grobe Mörtel, welche besonders hohe Festigkeit liefern, sind schwieriger zu verarbeiten als feinere Mörtel. Das gleiche gilt für Beton mit geringem Mörtelgehalt gegenüber reichlichem Mörtelgehalt. Beton für besonders hohe Festigkeit, zusammengesetzt nach der Linie *A* der Abb. 136, erfordert besondere Aufmerksamkeit und Sorgfalt. Es ist deshalb zu empfehlen, die Sieblinie in der Regel höher zu wählen als *A*, namentlich wenn die Handwerker nicht genügend geschult, die Schalungen wenig zugänglich, die Eiseneinlagen eng verlegt sind usf.

[1] Dazu tritt, daß die Widerstandsfähigkeit des Betons bekanntlich vom Wassergehalt, der dem frischen Beton gegeben wurde, in hohem Maße abhängt. Die Beschränkung des Wassergehalts auf die notwendige Menge ist deshalb besonders wichtig; jedes Mehr an Wasser beeinträchtigt die Widerstandsfähigkeit des Betons.

Beton aus kugeligen Sandkörnern und Rollkies (Moränematerial) mit wenig rauher Oberfläche, ist leichter und zuverlässiger zu verarbeiten als Beton mit sperrigen, rauhen Zuschlägen. Dabei ist in erster Linie die Beschaffenheit der Sandkörner beteiligt.

Beton, welcher zu wenig feine Teile hat, oder für Wasserbauten oder andere Aufgaben nicht hinreichend klebrig erscheint, kann durch Zusatz von Traß besser verarbeitbar gemacht werden. Im gleichen Sinn ist geringer Tongehalt des Materials nicht bloß zu dulden, sondern erwünscht[1]. Scharf gewaschene, ganz klare Sande liefern Beton, der in bezug auf die Verarbeitung meist weniger geeignet ist als Sande mit ge-

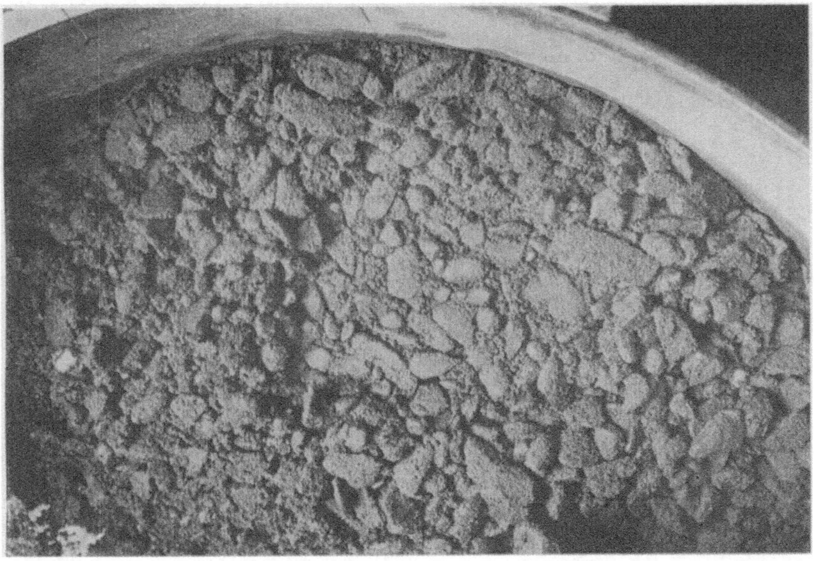

Abb. 144. Stampfbeton, der zu wenig Mörtel enthielt. Mit der Kelle wurden 10 Schläge ausgeführt. Die geschlagene Fläche hat sich nicht hinreichend geschlossen.

ringem Tongehalt[1]. Ähnliche Wirkungen sind mit Ziegelmehl, gewissen Kalkmehlen usf. zu erreichen. Bei der Auswahl der Zusätze ist zu berücksichtigen, ob der Beton später durch Wässer bespült wird, der Witterung ausgesetzt wird usf. oder austrocknet und trocken bleibt. Für Wasserbauten ist, wenn Zusätze nötig sind, in erster Linie Traß zu wählen.

a) Klatschprobe.

Der Handwerker prüft die Verarbeitbarkeit des Betons nicht selten durch Aufschlagen der Schaufel oder Kelle. In der Materialprüfungsanstalt Stuttgart ist diese „Klatschprobe" seit langer Zeit als Vorprüfung der Verarbeitbarkeit üblich. Die Abb. 144 bis 146 zeigen Beispiele.

[1] Vgl. auch S. 41 u. f.

Abb. 145. Stampfbeton mit genügendem Mörtelgehalt und hinreichend nachgiebig. Die geglättete Fläche ist unter 5 Kellenschlägen entstanden.

Abb. 146. Beton für massige Eisenbetontragwerke. Mörtelgehalt größer als nötig. Die geglättete Fläche entstand unter 2 Kellenschlägen mit erheblicher Einsenkung des Betons.

b) Stampfprobe[1].

Stampfbeton läßt sich zuverlässig verarbeiten, wenn nach beendigtem Stampfen oben eine ziemlich nachgiebige Schicht entstanden ist.

Abb. 147. Stampfprobe. Ein 12,5 kg schwerer Stampfer drang beim freien Fall aus 20 cm Höhe etwa 3 cm tief ein.

Abb. 148. Eindringprobe. Ein 12,5 kg schwerer Stampfer, ohne Stoß aufgesetzt, drang 7 cm tief ein.

Abb. 149. Setzprobe. Heben der Form *a*.

Abb. 150. Setzprobe. Messen von *s*.

[1] Vgl. Mitteilungen über Forschungsarbeiten 1909, Heft 72 bis 74, S. 15, Fußbemerkung 1.

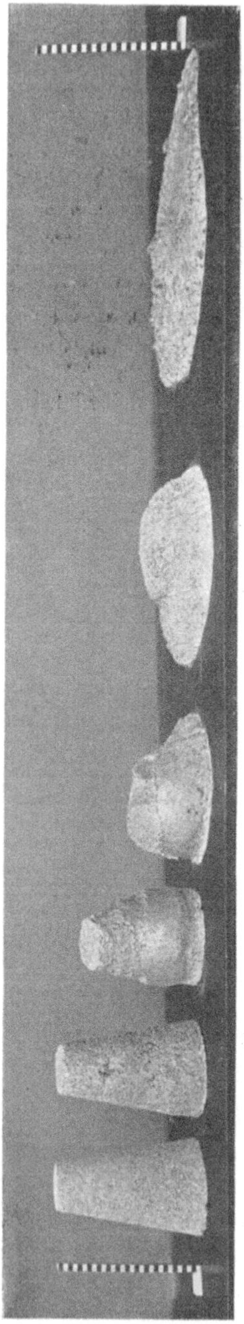

Abb. 151. Setzproben von Beton aus Portlandzement und Kiessand[1].

Wasserzementfaktor $w =$	0,40	0,70	0,75	0,85	0,90	1,00
Setzmaß (vgl. Abb. 150) $s =$	0	2,5	7	16	22	25 cm
Ausbreitmaß (vgl. Abb. 152) $g =$	—	32	41	58	63	69
Beschaffenheit	erdfeucht	weicher Stampfbeton (für Straßen, Fabrikböden, Wasserbauten)	für Eisenbeton mit weit verlegten Eiseneinlagen	für Eisenbeton; bei eng verlegten Eisen, also auch bei stark bewehrten Stützen u. dgl. noch brauchbar	gießfähig, für Transport in Rinnen noch reichlich weich (mehr als $s = 20$ cm ist auf gut ausgerüsteten Baustellen nicht nötig)	dünnflüssiger Beton. „Wassergehalt für gewöhnlichen Eisenbeton viel zu groß.

[1] 1 Raumteil Zement und 5 Raumteile Kiessand.

Der Beton ist dann mit größerem Wasserzusatz herzustellen als erdfeucht angemachter Beton[1]. Dieses Mehr an Wasser wird empfohlen, weil erdfeucht angemachter Beton viel Stampfarbeit erfordert, wenn in den Stampfflächen gute Verdichtung erfolgen soll. Beton, der während des Stampfens so nachgiebig wird, daß oben eine mit leichten Stößen verdrängbare Masse entsteht, kann zuverlässiger und mit wesentlich geringerem Arbeitsaufwand verarbeitet werden.

Abb. 147 zeigt Beton in einer Würfelform mit 30 cm Kantenlänge. Der Beton war fertig gestampft und oben mit der Kelle abgezogen. Ein Stampfer (Stampffläche 12×12 cm, Gewicht 12,5 kg), fiel aus 20 cm Höhe auf den Betonwürfel. Der Stampfer drang 3 cm ein. Diese Be-

[1] Solcher Beton soll beim Kneten auf der Handfläche deutliche Feuchtigkeit zurücklassen.

schaffenheit des Betons ist für Stampfbeton erwünscht, wenn mit mäßiger Stampfarbeit dichter Beton entstehen soll.

c) Die Eindringprobe.

Die Verarbeitbarkeit von Beton für Eisenbeton hat der Verfasser früher durch Feststellen der Eindringtiefe eines ohne Stoß aufgesetzten Normalstampfers an der oberen Fläche eines frisch gefertigten Betonwürfels gemessen[1]. Abb. 148 zeigt ein Beispiel.

d) Setzprobe.

Zum Setzversuch wird die Betonmasse in geeigneter Weise in eine Form gebracht, die nach dem Einbringen des Betons leicht abgezogen werden kann. Der freiwerdende Beton setzt sich, falls er genügend nachgiebig ist. Das in Deutschland zur Zeit übliche Verfahren ist in Abb. 149 und 150 dargestellt.

Abb. 152. Ausbreitprobe. Messen von g.

Der Beton wird unmittelbar nach dem Mischen in die Form a, Abb. 149, unter leichtem Stampfen gefüllt, wobei der Arbeiter auf zwei seitlich angebrachte Winkel tritt, damit der Trichter nicht vorzeitig gehoben wird. Der Trichter ist 300 mm hoch; der lichte Durchmesser beträgt oben 100 mm, unten 200 mm. Etwa 1 Minute nach dem Füllen wird die Form langsam senkrecht hochgezogen, wobei sich der freiwerdende Beton setzt. Das Setzmaß s, Abb. 150, gilt hier als Maß der Verarbeitbarkeit des Betons. Bei dem unter c, S. 123 u. f. zuerst beschriebenen Beispiel ist $s = 11$ cm festgestellt worden (S. 128). Wir haben für Beton zu Eisenbeton im vorliegenden Fall $s = 11$ cm als hinreichend angesehen.

Das Ergebnis der Setzprobe hängt von Zufälligkeiten ab, die beim Füllen der Form, der Art des Hochziehens und anderen Umständen auftreten, ferner von der Gestalt der feinen und groben Steinstücke. In Abb. 151 sind 6 Setzproben wiedergegeben. Hier ist bemerkenswert, daß das Setzmaß erst nach Überschreitung von $w = 0{,}70$ erheblich wurde und nach Überschreitung von $w = 0{,}75$ rasch zunahm. Weitergehende Aufschlüsse werden gewonnen, wenn der Beton nach der Setzprobe gerüttelt wird, so daß sich ein Kuchen bildet. Der Durchmesser des Kuchens gilt dann als Maß der Konsistenz des Betons (Ausbreitprobe).

[1] Vgl. Mitteilungen über Forschungsarbeiten 1909, Heft 72 bis 74, S. 15, Fußbemerkung 1.

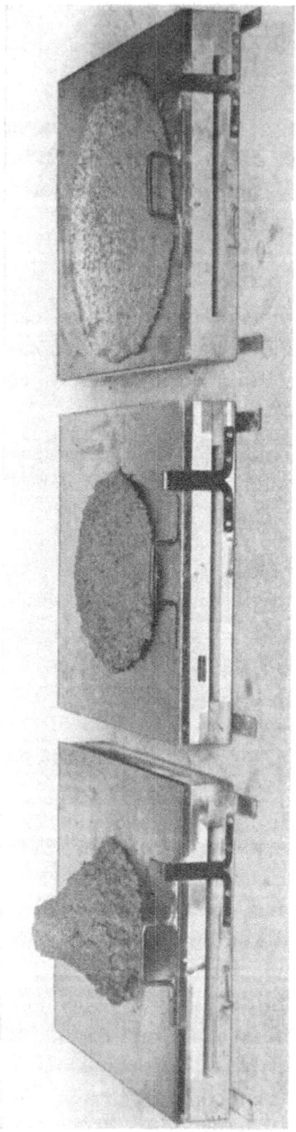

Abb. 153. Ausbreitproben von Beton aus Portlandzement und Kiessand (wie in Abb. 151).

Wasserzementfaktor	w = 0,70	0,75	0,85
Setzmaß (vgl. Abb. 149)	s = 2,5	7	16 cm
Ausbreitmaß (vgl. Abb. 152)	g = 32	41	58 ,,
Beschaffenheit	weicher Stampfbeton	für Eisenbeton; bei massigen Eisenbetonbauten mit weit verlegten Eisen kann g noch kleiner bleiben	für Eisenbeton mit eng verlegten Eiseneinlagen.

e) Ausbreitprobe.

Zur Ausbreitprobe verwenden wir den Rütteltisch R nach Abb. 149, 150 und 152[1]. Auf der Mitte des Tisches — 70 cm Kantenlänge — steht die Setzprobe. Der Tisch hat bei f, f, Abbild. 152, zwei Gelenke; er wird am Handgriff h um $e = 4$ cm gehoben, um dann den gleichen Weg zurückzufallen. Auf diese Weise wird die Betonprobe ausgebreitet.

Beispiele von Beton mit reichlichem Sandgehalt sind in Abb. 153 wiedergegeben. Die in der Mitte sowie die rechts ersichtliche Probe sind kennzeichnend für Beton, der sich als Eisenbeton gut verarbeiten läßt. Die Kuchen erscheinen geschlossen und in ihrer Stärke nach außen stetig abfallend[2].

[1] Der Rütteltisch R nebst Form a wird auf Verlangen von der Materialprüfungsanstalt an der Technischen Hochschule Stuttgart besorgt; er ist seit 1926 auf zahlreichen Baustellen des In- und Auslands in Benutzung. Für Mörtel steht eine kleinere, sonst gleiche Einrichtung zur Verfügung. Für groben Beton (z. B. für Staumauern) wird eine größere Einrichtung empfohlen.

[2] Über das Ausbreitmaß, das für verschiedene Aufgaben zu empfehlen ist, sind Erhebungen im Gang. Nach den mir bis jetzt zugegangenen Mitteilungen und nach eigenen Beobachtungen werden vorgeschlagen

für Stampfbeton $g = 20$ bis 32 cm, im Mittel rd. 30 cm,

für Eisenbeton mit weit liegenden Eiseneinlagen im Mittel bis $g =$ rd. 40 cm, mit normal verlegten Eiseneinlagen bis $g =$ rd. 50 cm, mit sehr eng verlegter Bewehrung bis g = rd. 60 cm.

Abb. 154 zeigt eine Probe von Beton, der für Eisenbeton, auch für den Transport in Rinnen oder auf Bändern ungeeignet war. Der Mörtelgehalt war zu klein. Die Zementbrühe lief ab.

Das Aussehen der Kuchen gibt hiernach dem aufmerksamen Beobachter wichtige Aufschlüsse.

Abb. 154. Beton mit zu großem Anteil der groben Zuschläge.

f) Gleitprobe in der Rinne.

Für das Verhalten in der Rinne hat Guttmann eine einheitliche Prüfung vorgeschlagen[1]. Der Verfasser hat das Guttmannsche Gerät seit einiger Zeit im Gebrauch, um Erfahrungen zu sammeln.

3. Bestimmung des Stoffbedarfs für die zur Bauausführung bestimmten Mischungen.

Das Herstellungsprotokoll S. 128 (Zusammenstellung 18) enthält Angaben, welche die Zusammensetzung eines Betons mit allen praktisch nötigen Einzelheiten verfolgen lassen. Der frisch eingebrachte Beton wog 2450 kg/m³. Zu 1 m³ Beton sind nach der S. 128 wiedergegebenen Rechnung 314 kg Zement erforderlich. Ebenso ließ sich feststellen, daß zu 1 m³ Beton

$$\frac{36{,}4}{78{,}0} \cdot 2450 = 1143 \text{ kg Baggerkies,}$$

$$\frac{25{,}6}{78{,}0} \cdot 2450 = 804 \text{ kg Splitt}$$

nötig sind. Hiernach ist bei den Arbeiten, die zur Auswahl eines geeig-

[1] Zement 1928, Heft 50.

neten Betons nach dem S. 123 u. f. beschriebenen Verfahren durchgeführt werden, auch in einfacher Weise der Stoffbedarf feststellbar.

Die soeben ermittelten Stoffmengen sind in Kilogramm angegeben. Die Bestellung und Abnahme der Stoffe erfolgt zur Zeit fast immer nach Raumteilen, obwohl die Lieferung nach Gewichtsteilen unter Zugrundelegung zu vereinbarender Grenzwerte des Wassergehalts (z. B. 8 vH) und nach Festlegung von Grenzwerten für die Abweichungen der Ladung vom Sollgewicht einfacher und zuverlässiger wäre[1].

Soll der Stoffbedarf nach Raummengen angegeben werden, so kann dies nach Feststellung des Raumgewichts geschehen. Allerdings ist das Raumgewicht der Sande und Kiessande in hohem Maß vom Feuchtigkeitszustand der Stoffe abhängig (vgl. S. 1), so daß Grenzwerte anzugeben sind, wenn zuverlässig vorgegangen werden soll.

Umfassende Untersuchungen über den Stoffbedarf hat die Mittlere Isar-A.-G. in Verbindung mit der Landesgewerbeanstalt in Nürnberg 1927 mit Grubenkies aus dem Isartal ausgeführt.

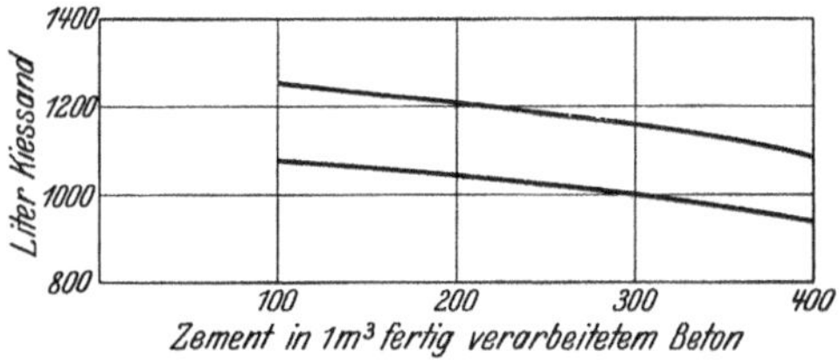

Abb. 155. Bedarf an Isarkiessand für Beton mit verschiedenem Zementgehalt.

Abb. 155 zeigt ein Beispiel aus diesen Versuchen, gültig für Beton mit dem Ausbreitmaß g = rd. 50 cm, bei Verwendung von Kiessand aus 1 Raumteil Sand und 2 Raumteilen Kies (bis 25 mm). Die beiden Linienzüge zeigen Grenzwerte aus Versuchen, die mit getrocknetem Kiessand, auch mit lagerfeuchtem Kiessand (etwa 2 bis 3 vH) Wassergehalt, ferner mit wassergetränktem Material ausgeführt wurden. Weitere Abweichungen treten ein, wenn das Material bei der Einlegung in das Meßgefäß aus erheblicher Höhe gestürzt wird usf.

Die Feststellungen in Abb. 155 gelten für Würfel von 30 cm Kantenlänge. Bei größeren Körpern ist der Stoffbedarf etwas kleiner festgestellt worden, weil in großen Körpern die aufgewandte Arbeit in der Regel relativ kleiner bleibt.

4. Bemerkungen über Maßnahmen und Einrichtungen zur Überwachung der Betonherstellung auf Baustellen.

Vor der Bauausführung sollten bekannt sein:

a) Bedingungen für die Festigkeit, Durchlässigkeit usf. des Betons zu den einzelnen Bauteilen,

b) die Mischungen, welche zur Erfüllung der Bedingung a) gehören.

[1] Da der Bahntransport nach Gewicht erfolgt, müssen die Sendungen auch nach Gewicht abgefertigt werden.

Die Wahl der Mischungen kann auf Grund der Erfahrungen bei früheren Ausführungen gewählt werden. Technisch bestimmter sind Untersuchungen, wie sie S. 123 u. f. beschrieben wurden. In schwierigen

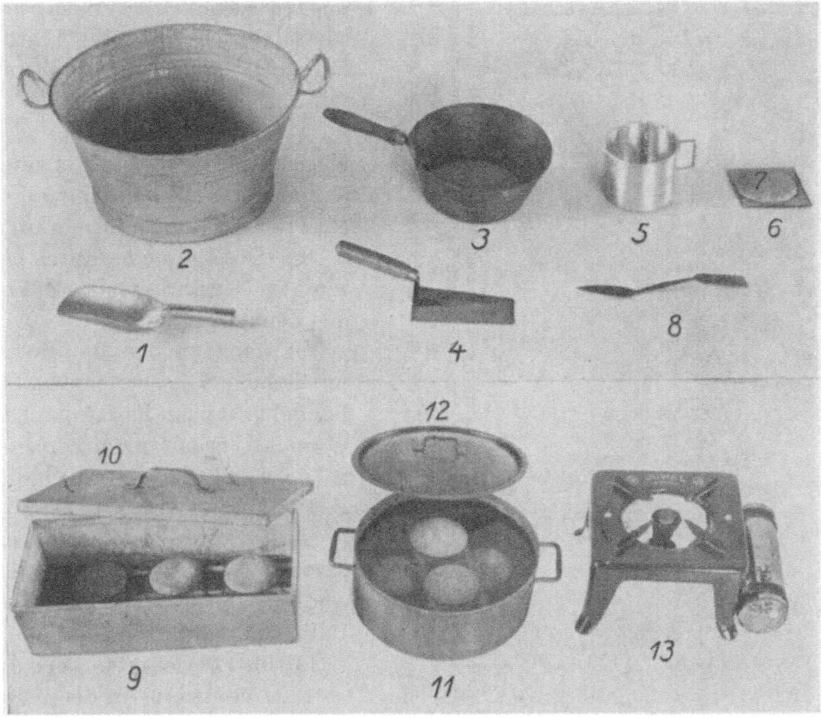

Abb. 156. Zementprüfung auf der Baustelle. Von jeder Lieferung werden aus verschiedenen Säcken Proben mit der Schaufel (*1*) entnommen, im Kübel (*2*) zunächst trocken gemischt, dann ein Teil davon (rd. 400 g) in der Pfanne (*3*) mit einer Kelle (*4*) unter Zugabe von Wasser aus dem Behälter (*5*) zu einem steifen Brei verrührt. Aus dem Brei werden auf Glasplatten (*6*) Kuchen (*7*) geformt (Durchmesser rd. 10 cm, in der Mitte rd. 1,5 cm stark, an den Rändern dünn auslaufend); Glattstreichen der Kuchen mit dem Zuputzeisen (*8*). Die Kuchen (mindestens 4 Stück von jeder Zementlieferung) kommen sofort nach der Herstellung in einen Kasten aus verzinktem Blech (*9*) mit Deckel (*10*). Der Boden des Kastens ist etwa 1 cm hoch mit Wasser gefüllt. Die Glasplatten mit den Kuchen (die zunächst nicht ins Wasser tauchen dürfen) liegen auf Holzunterlagen. Nach dem Einlegen der Kuchen wird der Kastendeckel aufgelegt und nur zur Beobachtung der fortschreitenden Erhärtung (Fingernagelprobe) abgenommen. 24 Stunden nach der Herstellung kommen 2 Kuchen unter Wasser von gewöhnlicher Temperatur; Dauer der Wasserlagerung 27 Tage (Normenprobe). Die 2 weiteren Kuchen werden (ebenfalls mit den Glasplatten) in einen anfänglich mit kaltem Wasser gefüllten Topf (*11*) mit Deckel (*12*) gelegt; das Wasser wird mit Hilfe des Brenners (*13*) zum Kochen gebracht und 2 Stunden kochend gehalten (Kochprobe, beschleunigte Raumbeständigkeitsprobe). Brennstoff: Benzin oder Petroleum oder Spiritus. Elektrische Heizplatte ebenfalls verwendbar, erforderliche Leistungsaufnahme etwa 1,8 KW.

Fällen ist die Zusammenarbeit mit erfahrenen Materialkundigen zu empfehlen, da auf diesem Weg Zeit und Geld gespart werden kann.

Auf der Baustelle — abgesehen von Großbaustellen — handelt es sich in der Regel nur um die Kontrolle, ob gemäß den vorgesehenen An-

Abb. 157. Körnung der Zuschläge. An verschiedenen Stellen des Vorratshaufens werden Proben mit der Schaufel (*1*) entnommen und im Kübel (*2*) gemischt. Mit der Wage (*3*) und dem Gewichtssatz (*4*) werden 5 kg abgewogen und durch Sieben mit dem kleinen Siebsatz (*5*) die Gewichtsanteile der einzelnen Körnungen festgestellt. Feuchtes Material wird vor dem Sieben in der Pfanne (*6*) [Umrühren mit Löffel (*7*)] über den Brenner (*8*) getrocknet, wobei der Wassergehalt des Materials festgestellt werden kann. Den Siebsatz besorgt die Materialprüfungsanstalt an der Technischen Hochschule Stuttgart.

weisungen gearbeitet wird und hauptsächlich, ob die notwendigen Festigkeiten usf. erreicht und nicht unnötig überschritten werden. Um diese Kontrolle wirtschaftlich vorteilhaft ausführen zu können, muß bekannt sein:

a) die Herkunft und die Normenfestigkeit der Zemente, letzteres aus Feststellungen gemäß dem in der Fußbemerkung S. 16 Gesagten oder durch besondere Gewährleistung seitens des Zementwerks.

b) wenn es sich um Beton mit hohem Wasserzementfaktor handelt, auch Feststellungen über das Verhalten des Zements in solchen Mischungen gemäß S. 12, Fußbemerkung,

c) Herkunft und Zusammensetzung von Sand, Kies oder anderen Zuschlägen, sei es, daß die Stoffe gemäß dem S. 118 bis 123 Gesagten verlangt werden oder daß für deren Zusammensetzung besondere Vereinbarungen getroffen werden, wobei eindeutig anzugeben ist, in welchen Grenzen die Körnung der einzelnen Stoffe schwanken darf,

d) der Wasserzementfaktor, welcher nicht überschritten werden soll,

e) das Setzmaß, besser noch das Ausbreitmaß, das eingehalten werden soll,

f) die Festigkeiten usf., welche gewährleistet werden müssen.

Wie dabei vorgegangen werden kann, ist insbesondere S. 123 bis 131 gezeigt.

Überdies geben die Leitsätze des Deutschen Betonvereins Aufschluß[1].

Die Geräte, welche der Verfasser zur Zeit für größere Baustellen empfiehlt, sind in den folgenden drei Gebrauchsanweisungen, Abb. 156 bis 158) beschrieben. Die Bestimmung der Normenfestigkeit der Zemente und die Ermittlung der Druckfestigkeit der Betonwürfel wird in Deutschland durch die öffentlichen Versuchsanstalten oder durch die

Abb. 158. Bestimmung der Raumgewichte der Baustoffe. Anfertigung von Probemischungen und Probewürfeln. Konsistenzmessungen von weichem Beton. Bestimmung des Gewichts von 1 m³ des fertigen Betons und des Zements auch der anderen Bestandteile in 1 m³ Beton. Von jedem Baustoff wird an einer gut gemischten Durchschnittsprobe das Raumgewicht des Materials im Verwendungszustand durch loses Füllen eines 10 Liter-Gefäßes (*1*) oder eines Eimers (*2*), (dessen Inhalt vorher ermittelt war) unter Benützung der Schaufel (*3*) bestimmt. Abstreifen des überstehenden Materials mit dem Lineal (*4*) oder mit einer Hartholzlatte); Wägungen mit der Dezimalwage (*5*) und dem Gewichtssatz (*6*). Mit der vorher bestimmten Körnung der Zuschläge wird die zweckmäßige Kornzusammensetzung des Beons errechnet; dann sind die Baustoffe einzeln zu wiegen und unter Zugabe der dem Verwendungszweck entsprechenden abzuwiegenden Wassermenge zu mischen. Die Konsistenz der Versuchsmischung läßt sich mit Hilfe des Setztrichters (7) und des Rütteltisches (*8*) durch die Setz- und Ausbreitprobe zahlenmäßig festlegen und später bei der Bauausführung fortlaufend nachprüfen. Durch Wiegen der leeren und der gefüllten eisernen 20 cm-Formen (*9*) findet sich mit genügender Genauigkeit das Gewicht von 1 m³ des fertigen Betons. Aus den Gewichten der einzelnen Betonbestandteile (Zement, Zuschläge, Wasser) und des Gewichts von 1 m³ des Betons wird der Zementgehalt in 1 m³ Beton errechnet. Der Eimer (*2*), die Schaufel (*3*), die Dezimalwage (*5*) und der Gewichtssatz (*6*) werden zweckmäßigerweise aus der nächstgelegenen Eisenwarenhandlung bezogen. Die Materialprüfungsanstalt an der Technischen Hochschule Stuttgart übernimmt auf besonderen Wunsch die Vermittlung der Geräte.

Hauptlaboratorien der Bauunternehmungen oder durch die Laboratorien der Baubehörden vorgenommen.

Die Zusammenarbeit mit den öffentlichen Versuchsanstalten fördert den Erfahrungsaustausch. Allerdings darf diese Verbindung nicht zu einer Verzögerung der Prüfung führen; erforderlichenfalls ist ein Eildienst zu vereinbaren, womit nach unseren Erfahrungen allen Erfordernissen gefolgt werden kann.

[1] Vgl. Petry, Die Baukontrolle im Eisenbetonbau. Verlag von Konrad Wittwer, Stuttgart 1929.

5. Hilfsmittel zur Nutzbarmachung der Erkenntnisse durch Unterricht u. dgl.

Die Nutzbarmachung im Unterricht ist möglich

a) in den Technischen Hochschulen, in den technischen Mittelschulen, durch Vorträge und Übungen,

b) durch Fortbildungskurse,

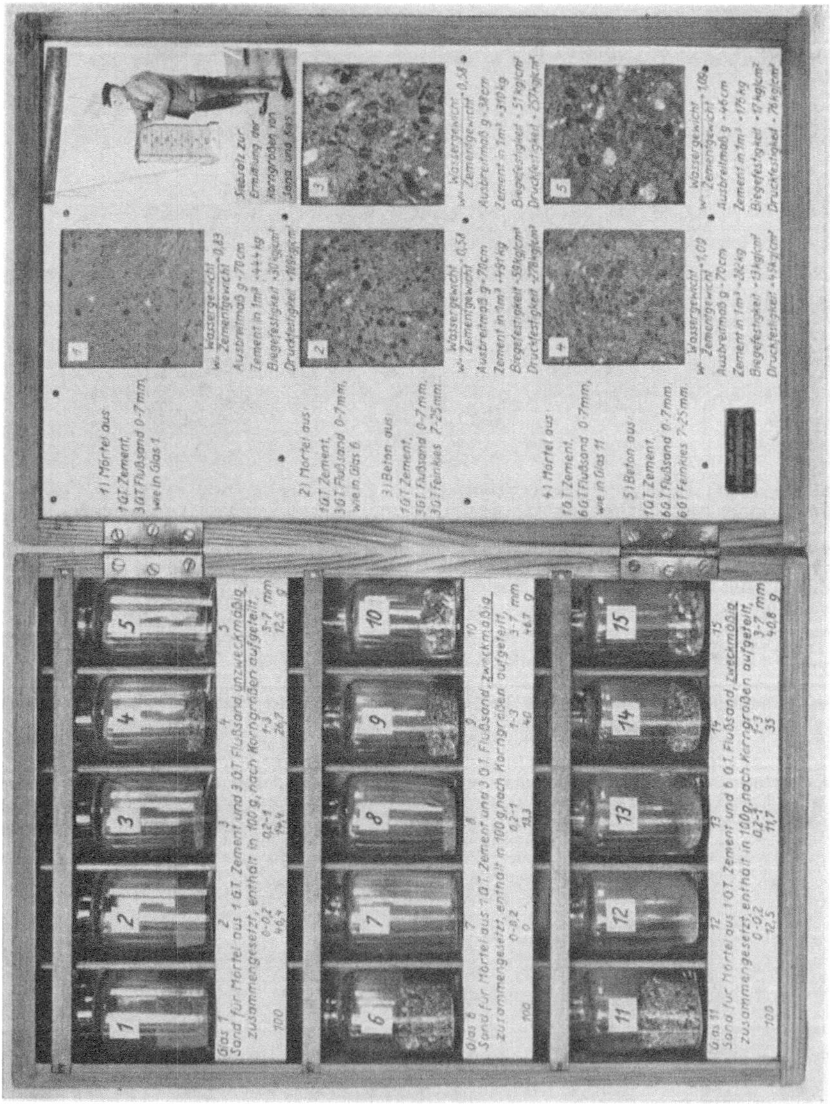

Abb 159. Kasten zur Veranschaulichung des Einflusses der Kornzusammensetzung von Mörtel und Beton.

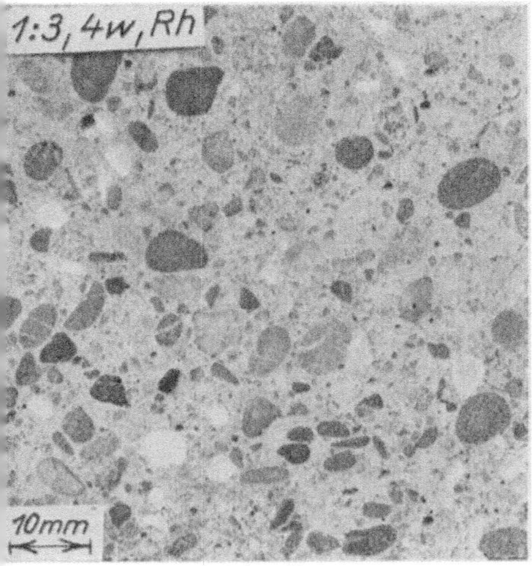

Abb. 160.

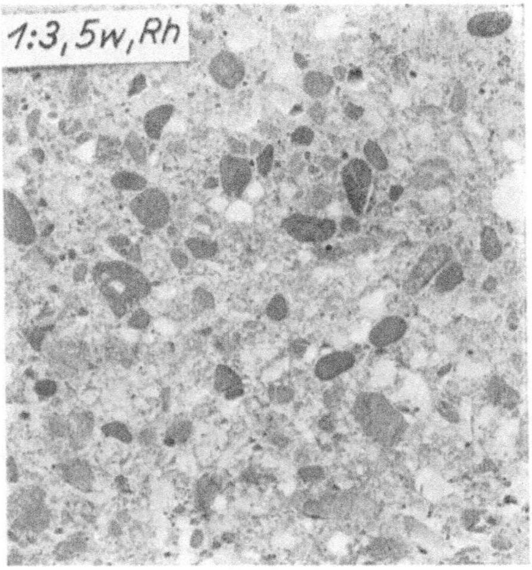

Abb. 161.

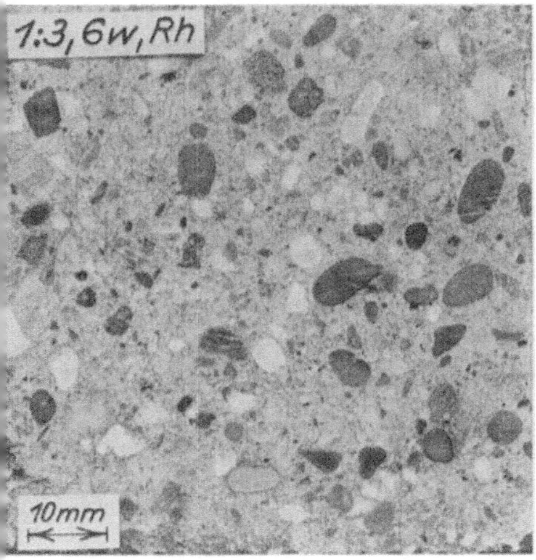

Abb. 162.

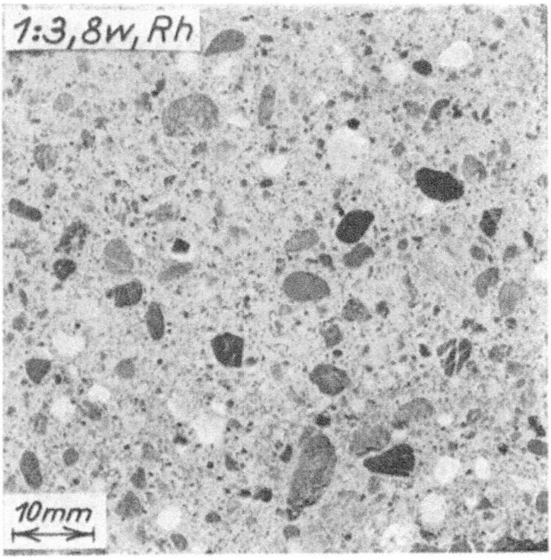

Abb. 163.

Mörtel nach Linie	4	5	der Abb. 27
Druckfestigkeit nach 6 Monaten	394	469	kg/cm²
Biegefestigkeit „ 6 „	81	89	„
Abnützung „ 6 „	0,172	0,157	cm³/cm²

Mörtel nach Linie	6	8	der Abb. 27
Druckfestigkeit nach 6 Monaten	419	376	kg/cm²
Biegefestigkeit „ 6 „	80	75	„
Abnützung „ 6 „	0,162	0,207	cm³/cm².

Abb. 160 bis 163. Mörtel aus 1 GT Zement und 3 GT Rheinsand.

c) durch Aufhängen von Merkblättern und Schaustücken an den Arbeitsstätten der Ingenieure und Handwerker.

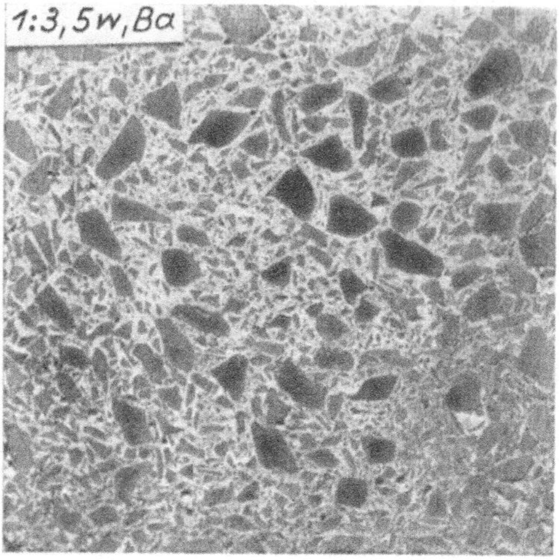

Abb. 164.

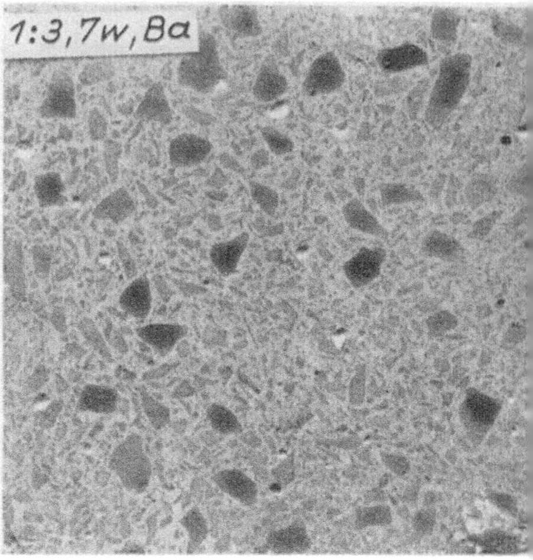

Abb. 165.

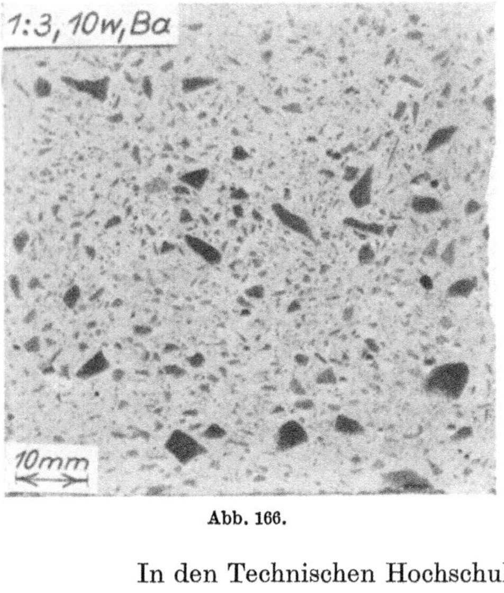

Abb. 166.

Abb. 164.

Mörtel nach Linie	5	der Abb. 27		
Druckfestigkeit nach	6	Monaten	445	kg/cm²
Biegefestigkeit	,, 6	,,	70	,,
Abnützung	,, 6	,,	0,207	cm³/cm²

Abb. 165.

Mörtel nach Linie	7	der Abb. 27		
Druckfestigkeit nach	6	Monaten	434	kg/cm²
Biegefestigkeit	,, 6	,,	80	,,
Abnützung	,, 6	,,	0,238	cm³/cm²

Abb. 166.

Mörtel nach Linie	10	der Abb. 27		
Druckfestigkeit nach	6	Monaten	354	kg/cm²
Biegefestigkeit	,, 6	,,	77	,,
Abnützung	,, 6	,,	0,356	cm³/cm².

Abb. 164 bis 166. Mörtel aus 1 GT Zement und 3 GT Basaltquetschsand (doppelt gebrochen).

In den Technischen Hochschulen dürfte der erforderliche Unterricht für die Ingenieure überall eingeführt sein[1]; die Architekten beteiligen sich an den Übungen bis jetzt nur vereinzelt.

---

[1] In der Technischen Hochschule Stuttgart sind die Studierenden des Bauingenieurwesens seit 1897 verpflichtet, in der Materialprüfungsanstalt während eines Semesters zu üben (vgl. u. a. Stahlbau 1928, S. 123 u. f.).

Aus den Technischen Mittelschulen des Bauwesens sind wiederholt Mitteilungen erfolgt, die erkennen lassen, daß der Unterricht über Beton dem derzeitigen Stand der Erkenntnisse angepaßt wird. Von verschiedenen Freunden der Sache erhielt ich Nachricht, daß die Unterweisung in besonderen Übungen gepflegt wird[1].

Für Ingenieure und Architekten, welche das Erforderliche bei ihrem Studium nicht erhalten haben, sind Fortbildungskurse zweckdienlich. In Stuttgart sind solche Kurse wiederholt — erstmals 1919 — abgehalten worden. Dabei wurde die Anleitung durch zusammenfassende Vorträge gegeben; dann folgte die Behandlung praktischer Beispiele

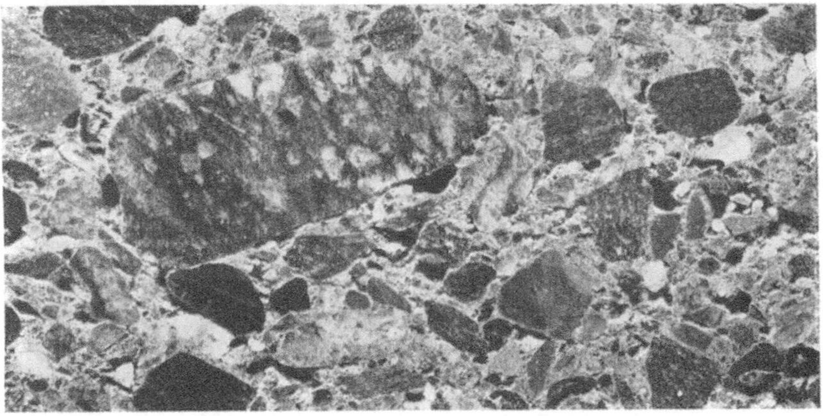

Ab. 167. Schnitt durch Gußbeton für eine Talsperre. Mörtelgehalt etwas zu klein. Etwa natürliche Größe.

durch Übungen. Die Kurse haben Anklang gefunden; sie wurden in den letzten Jahren auch von anderen Stellen aufgenommen.

Darüber hinaus kann durch Anbringung von Merkblättern[2] und von Anschauungsmitteln in den Arbeitsstätten, auch in Warteräumen der Geschäftsstellen der Bauunternehmungen usf. Anregung zur sachgemäßen Beachtung der vorliegenden Erkenntnisse gegeben werden. Auch ist die Aufstellung der Anschauungsmittel in den Wandelgängen der technischen Schulen empfohlen worden.

Mit Schaukästen nach Abb. 159 kann gezeigt werden, daß mit Betonsand, der viel Feinsand enthält, weit kleinere Festigkeiten entstehen

[1] Vgl. u. a. Bauwelt 1929, S. 1210.

[2] Die Deutsche Reichsbahngesellschaft hat kurzgefaßte Merkblätter für Betonbauten herausgegeben.

als mit gutem Sand. Außerdem geben solche Kästen Gelegenheit, den Blick für „schlecht“ und „gut“ zu schärfen usf.

Schaustücke nach Abb. 160 bis 166 vermitteln ebenso die Bedeutung der Körnung der Mörtel im Beton.

Proben nach Abb. 167 erinnern, daß Beton mit zu geringem Mörtelgehalt für Wasserbauten ungeeignet ist, ferner daß unter flachen Kiesstücken Hohlräume entstehen, die dem seitlich zutretenden Wasser den Durchgang erleichtern[1].

---

[1] Andere Beispiele vgl. in Entwurf und Berechnung von Eisenbetonbauten, Band 1, S. 23 u. f., Abb. 14, 15, 16, 17, 25 u. a.

Namenverzeichnis.

Abrams 15.
Bauschinger 95.
Bach 6, 41, 81.
Bolomey 7, 65, 69.
Brandt 89, 103.
Burchartz 5.
Cantz 5, 56.
Clement 35.
Feret 29, 61, 64, 65, 69.
Fuller 20, 21.
Göbel 111.
Gonnermann 81, 90.
Grengg 34.
Grün 41, 111.
Guttmann 139.
Hatt 108.
Hundeshagen 7.
Johnson 15.
Jung 7.
Kleinlogel, V, 6.
Knüttel 56.
Krauß 43.
Kühl 58.
May 41.
Millan 15.
Mills 108.
Otzen 34.
Probst 89, 103.
Pöpel 34, 72.
Reifler 69.
Reihling 43.
Richart 65.
Ros 65.
Shumann 81, 90.
Spangenberg 81.
Suenson 15.
Schaechterle 108.
Schüle 29.
Schneider 41.
Stadelmann 65.
Talbot 61, 65, 66, 67, 68.
Thompson 20.
Zhuk 7.
Zielinsky 7.

Sachverzeichnis.

Abnützwiderstand 95ff.
— Einfluß des Gesteins auf den — 101.
— Einfluß der Kornzusammensetzung des Sandes auf den — 99.
— Einfluß der Menge der groben Zuschläge auf den — 102.
— Einfluß des Wassergehalts auf den — 96.
— Einfluß des Zements auf den — 95.
Ausbreitprobe 138.

Basaltschlacke 35.
Baustellen, Einrichtungen der — 140.
Besonders guter Beton 118ff.
Betonstraßen 81.
Biegefestigkeit 29, 81, 88.
— und Druckfestigkeit 83.
— Einfluß der Kornzusammensetzung auf die — 87.
— Einfluß des Wassergehalts auf die — 85.
— Einfluß des Zements auf die — 84.
— Höchstwerte 87.
— Mindestwerte 87.
— und Zugfestigkeit bei Beton 91.
Bims 36.
Bimsbeton 56, 90.

Celite 38, 39.

Druckelastizität des Zementmörtels und des Betons 76.
— Einfluß des Gesteins auf die — 78.
— Einfluß des Zementgehalts auf die — 78.
Druckfestigkeit
— Abhängigkeit vom Mörtelgehalt 55.
— Abhängigkeit vom Raumgewicht 56uf.
— nach Abrams 15.
— und Biegefestigkeit 90.
— Bimsbeton 56.
— hohe 56.
— Kalkmörtel 91.
— und Raumgewicht bei Zementnormenwürfeln 58.
— Verhältnis der — von 7 und 28 Tage alten Betonwürfeln 16, 19.
— Verhältnis der — von 3 und 28 Tage alten Normenwürfeln 17.
— Verhältnis der — von 7 und 28 Tage alten Normenwürfeln 17.
— Vorausbestimmung der — 11, 16, 55, 127.

Eindringprobe 137.
Elastizität s. Druckelastizität.

Fineness modulus 123.
Flußsand 26.
Förderbänder 132.
Fortbildungskurse V, 144, 147.

Gehwegplatten 81.
Gestalt der Sandkörner 24, 25, 33, 34.
— der groben Bestandteile 50ff.
Gleitprobe nach Guttmann 139.
Glimmer 36, 38, 39.
Grobe Zuschläge
— Einfluß der — auf die Biegefestigkeit 89.
— Einfluß der — auf die Druckfestigkeit 2, 3, 4, 55.
— Festigkeit der — 50, 56.
— Gestalt der — 50.
— Kornzusammensetzung der — 51.
— zulässige Menge der — 3, 5, 21, 50.
— Oberflächenbeschaffenheit der — 50, 53.
Gußbeton 15, 139.

Hilfsmittel für den Unterricht 144.
Hohlräume
— im Zementmörtel 61.
— in Zuschlagstoffen 52, 57, 70, 71.

Kabelformstücke 81.
Kalk 36, 41, 91ff.
Kaolin 42.
Kies 50ff. (siehe auch grobe Zuschläge).
Kieselgur 36, 39.
Klatschprobe 133.
Körnung s. Kornzusammensetzung.
Körnungsziffer 123.
Kornform, Einfluß der
— bei Sand 30ff.
— bei groben Zuschlägen 50ff.
Konsistenz, Maß der 137.
Kornzusammensetzung 19, 20, 21, 50, 77, 87, 92, 107, 111.

Lavaschlacke 35.
Lehm 36, 41, 92.
Leichtbeton 57.

Merkblätter
— Aufhängen von — 146, 147.

Mindestdruckfestigkeit
— von Mörtel und Beton 15, 17, 55, 127.
Moränesand 26.
Mörtelfestigkeit
— entscheidend für Biegefestigkeit 90.
— entscheidend für Druckfestigkeit 5.
Mischungsverhältnis
— Einfluß des — auf die Kornzusammensetzung 30, 31.

Normendruckfestigkeit
— der Zemente, Einfluß auf Betonfestigkeit 10, 11, 12.
— Verhältnis der — von 3 bzw. 7 und 28 Tage alten Würfeln 17 bis 19.

Oberfläche der Gesteinsteile.
— Größe der —, Einfluß auf Druckfestigkeit 71ff.
— Sande 7.

Quetschsande 31ff.

Raumgewicht
— Beton 57.
— Bimsbeton 56.
— Einfluß des Sands auf das — des Zementmörtels 61.
— Einfluß des Wassergehalts auf das — des Zementmörtels 58.
— und Hohlräume von Basaltschotter und Rheinkies 52.
— Zement, Sand und Kies 1.
— Zementmörtel 57, 59.
Röhren 81.

Sand
— Einfluß der Beschaffenheit auf den Wert *w* 9.
— Einfluß des Feuchtigkeitsgehalts auf das Raumgewicht 1.
— Oberfläche des — 7, 72.
Sandgehalt, Einfluß auf die Druckfestigkeit 2.
Sandstrahl 95.
Sedimentationsapparat 43.
Setzprobe 135, 137.
Siebmaschinen 116, 117.
Siebregel 19.
— für Flußsand 28.
— für Moränesand 31.
— für Quetschsand 31.

Siebsatz, großer 113.
— kleiner 114.
Spezifisches Gewicht
— Zement 62.
— Zementbrei erhärtet 62.
— von Zuschlagstoffen 27, 61, 62, 70.
Schiefermehl 38, 39.
Schlagarbeit bei Prüfung von Gesteinen 103.
Schleuderbeton 90.
Schwinden und Quellen 108.
Stampfbeton 14, 15.
Stampfprobe 135.
Staubfeine Teile
— Einfluß der — auf die Druckfestigkeit 36.
— Einfluß der — auf die Zugfestigkeit 38.
Steinmehle 36, 37, 39.
Stoffbedarf 139.

Ton 36, 41, 42, 133.
Traß 36, 37, 39, 133.

Unterricht, Hilfsmittel für — 144.

Verarbeitbarkeit 132, 137.
Verputzmörtel 41.
Vorausbestimmung der Druckfestigkeit 11, 16, 55, 127.

Wärmedurchlässigkeit 57.
Wassergehalt
— Einfluß des — auf die Abnützung 96.
Wassergehalt
— Einfluß des — auf die Biegefestigkeit 85.
— Einfluß des — auf die Druckfestigkeit 6, 9, 14.
— Einfluß des — bei Kalkmörtel 91.
— Einfluß des — auf das Raumgewicht 58.
— Einfluß des — auf das Schwinden und Quellen 109.
— Einfluß des — auf die Wasserdurchlässigkeit 106.
Wasserzementfaktor = Wert w 6, 8, 9, 15, 19, 85, 91, 96.
Wert w s. Wasserzementfaktor.

Zement, Einfluß des — auf
— Abnützwiderstand 95.
— Biegefestigkeit 84.
— Druckfestigkeit 9ff.
— Schwinden und Quellen 110.
— Wasserdurchlässigkeit 104.
— Zugfestigkeit 84.
Ziegelmehl 38, 133.
Zugfestigkeit,
— und Biegefestigkeit bei Beton 91.
— Einfluß des Wassergehalts auf die 85.
— Einfluß des Zements auf die — und Biegefestigkeit 84.
— des Kalkmörtels 91ff.
— des Zementmörtels und Betons 81.
Zweckmäßige Kornzusammensetzung siehe unter Kornzusammensetzung.

Vorlesungen über Eisenbeton. Von Dr.-Ing. E. **Probst**, ord. Professor an der Technischen Hochschule in Karlsruhe.

Erster Band: Allgemeine Grundlagen. — Theorie und Versuchsforschung. — Grundlagen für die statische Berechnung. — Statisch unbestimmte Träger im Lichte der Versuche. Zweite, umgearbeitete Auflage. Mit 70 Textabbildungen. XI, 620 Seiten. 1923. Gebunden RM 24.—

Zweiter Band: Grundlagen für die Berechnung und das Entwerfen von Eisenbetonbauten. — Anwendung der Theorie auf Beispiele im Hochbau, Brückenbau und Wasserbau. — Allgemeines über Vorbereitung und Verarbeitung von Eisenbeton. — Richtlinien für Kostenermittlungen. — Eisenbeton und Formgebung. Zweite, umgearbeitete Auflage. Mit 61 Textabbildungen. IX, 539 Seiten. 1929. Gebunden RM 31.50

Beton. Anregungen zur Verbesserung des Materials. Ein Ergänzungsheft zu Vorlesungen über Eisenbeton, Erster Band, 2. Auflage. Von Professor Dr.-Ing. E. **Probst**, Karlsruhe. Mit 7 Textabbildungen. IV, 54 Seiten. 1927. RM 3.—

Die Grundzüge des Eisenbetonbaues. Von Geh. Hofrat Professor Dr.-Ing. e. h. **M. Foerster**, Dresden. Dritte, verbesserte und vermehrte Auflage. Mit 183 Textabbildungen. XII, 570 Seiten. 1926. Gebunden RM 25.50

Die Arbeitsfestigkeit der Eisenbetonbalken. Von Ingenieur **Wilhelm Thiel.** Mit 4 Abbildungen im Text. IV, 53 Seiten. 1924. RM 2.25

Untersuchungen über den Einfluß häufig wiederholter Druckbeanspruchungen auf Druckelastizität und Druckfestigkeit von Beton. Von Dr.-Ing. **Alfred Mehmel.** Mit 30 Textabbildungen. IV, 74 Seiten. 1926. RM 6.60

Bemessungstafeln für Eisenbetonkonstruktionen. Tafeln zum Ablesen der Momente, der Bewehrungen für einfach und doppelt bewehrte Platten, Balken und Plattenbalken bei Verwendung von gewöhnlichem und hochwertigem Zement und Eisen bzw. Stahl, mit Berücksichtigung der Spannungen im Steg, und Tafeln für das sofortige Ablesen von Stützenquerschnitten und Bewehrungen auch bei Knickgefahr. Von Baurat **Paul Göldel**, Beratender Bauingenieur in Leipzig. IV, 231 Seiten. 1927. Gebunden RM 22.—

Die deutschen Eisenbetonbestimmungen von 1925 zum bequemen Gebrauch für die Entwurfsbearbeitung nach Konstruktionsgliedern geordnet und ausgelegt von Dr.-Ing. **Ernst Rausch**, Privatdozent an der Technischen Hochschule Berlin. Mit 64 Textabbildungen. X, 86 Seiten. 1929. RM 4.80

Berechnung des Eisenbetons gegen Verdrehung (Torsion) und Abscheren. Von Dr.-Ing. **Ernst Rausch**, Privatdozent an der Technischen Hochschule Berlin. Mit 59 Abbildungen im Text. 50 Seiten. 1929. RM 5.—

GPSR Compliance

The European Union's (EU) General Product Safety Regulation (GPSR) is a set of rules that requires consumer products to be safe and our obligations to ensure this.

If you have any concerns about our products, you can contact us on ProductSafety@springernature.com

In case Publisher is established outside the EU, the EU authorized representative is:

Springer Nature Customer Service Center GmbH
Europaplatz 3
69115 Heidelberg, Germany

Batch number: 10854043

Printed by Printforce, the Netherlands